Hans-Jürgen Breuer

Das Gorilla-Prinzip

Hans-Jürgen Breuer

DAS GORILLA PRINZIP

Führungsstärke durch soziale Kompetenz

SiGNUM

Bitte besuchen Sie uns im Internet unter
www.signumverlag.de

© 2007 by Signum Verlag, München · Wien
Alle Rechte vorbehalten
Zitate aus Jane van Lawick Goodall, »Wilde Schimpansen« und
Dian Fossey, »Gorillas im Nebel«, mit freundlicher Genehmigung
Rowohlt Verlag GmbH, Reinbek bei Hamburg
Schutzumschlag: Gert Wiescher, München
Satz: Fotosatz Völkl, Inzell/Obb.
Druck und Binden: GGP Media GmbH, Pößneck
Printed in der EU
ISBN: 978-3-85436-381-1

Meinen Eltern

Inhalt

Inhalt

Vorwort

Es ist üblich, Dank zu sagen. Allein aus diesem Grund tue ich es nicht. Mir ist es wichtig, meinen Lehrmeistern, denen ich viel Dank schulde, dies auch in diesem Buch zum Ausdruck zu bringen und gleichzeitig den Dank mit einigen persönlichen Selbstreflexionen, die Sie zum Nachdenken anregen können, zu verbinden.

Ich habe von sehr vielen Menschen gelernt. An erster Stelle sind hier meine Eltern zu nennen, die – so glaube ich – ganz vorbildliche Eltern sind beziehungsweise waren – trotz der Schwächen, die auch sie hatten, denn ich weiß mich heute eher von meinen Schwächen als von meinen Stärken zu definieren. Ist es nicht vielleicht wichtiger, genau die Schwachpunkte zu kennen, an denen wir angreifbar und verletzlich sind? Um uns hier zu schützen? Oder ist es gut, sich seiner Stärken bewusst zu sein, um hier mit seinen Pfunden zu wuchern? Oder vielleicht beides?

Solche Fragen werden in diesem Buch beantwortet. Unter anderem habe ich dies gelernt von meinem Freund Otto Brink, der im Odenwald therapeutische Dienste beim Pilzesammeln oder Aufstellen von Familien leistet und einen exzellenten Job macht (Managersprache). Dann folgt Rupert Lay, dessen Bücher ich verschlungen habe und in dessen Seminaren ich verschlungen wurde, von der unglaublichen Menge an Wissen und Weisheit, die Rupert besitzt. Weitere Freunde haben mir manch unangenehmen Rat gegeben, für den ich dankbar bin.

Ein ganzes Kapitel an Dank würde ich gern meinen vielen Kunden widmen! Denn dieses Buch wäre nicht entstanden, wenn ich nicht unglaublich viel von meinen Kunden gelernt hätte.

Der Coach, der seine Kunden coacht, lernt von seinen Kunden. Klingt das in Ihren Ohren nicht paradox?

Ist es aber aus meiner Sicht nicht: Wenn man mit einer neuen Problemstellung konfrontiert wird, dann sollte man zunächst einmal sehr genau zuhören, bevor man einen vielleicht gut gemeinten, aber leider nicht passenden Rat gibt. Ferner ist jede Situation in unserem Leben anders, auch wenn manche archetypischen Grundstrukturen ähnlich zu sein scheinen. Also besteht auch im Coaching die Grundsituation darin, viel Neues zu lernen und wenig Bekanntes und Bewährtes weitergeben zu können. Ist das nicht die Entwicklung von Menschheit: Bekanntes neu zu entdecken und immer feiner auszudifferenzieren?

Bewährt hat sich evolutionsbiologisch geschrieben die Geschichte Mensch. Der Homo sapiens hat sich in Milliarden von Jahren auf diesem Planeten durchgesetzt; zwar manchmal heftig geplagt von Mücken, Zecken und anderen lästigen Insekten oder Keimen. Doch vermehrt er sich bis heute vehement weiter.

Was sucht der Mensch in seinem Da-Sein? Gehirnbiologisch interpretiert und unbewusst gesteuert sucht er nur die Verwirklichung des Lustprinzips, das wiederum der Fortpflanzung und dem Erhalt der Rasse dient. Heute findet dieser Prozess überwiegend in sozialen Einheiten, die in Form von Unternehmen oder unternehmensähnlichen Systemen organisiert sind, statt, läuft aber evolutionsbiologisch betrachtet nicht anders ab, als eine Gorilla- oder Schimpansenherde funktioniert. Oder die Hackordnung in einem Hühnerhof. Oder ein Wolfsrudel.

Nun lade ich Sie ein, dieses Ihnen möglicherweise sehr vertraute Wissen noch tiefer zu verankern, damit Sie (hoffentlich) noch erfolgreicher und vor allem glücklicher und zufriedener Ihr Leben genießen können.

Hans-Jürgen Breuer

Einleitung

Bitte stellen Sie sich Folgendes vor:

Sie haben zwei Möglichkeiten, durch das Leben zu gehen. Sehend oder blind. Angenommen, Sie befinden sich in einer völlig dunklen Höhle und sollen sich dort ohne Ortskenntnis zurechtfinden. Sie tappen im wahrsten Sinne des Wortes im Dunkeln. Diese Metapher gilt auch für Ihre unbewussten Strukturen. Also lautet die Lösung, Licht ins Dunkel des Unbewussten zu bringen. Der erste mögliche Schritt zur Persönlichkeitsentwicklung lautet also: Erkenne Dich selbst, was nun wirklich schon ein alter Hut ist. Ich vermute, dass Sie sich dafür entscheiden werden, sehen zu wollen und zu können.

Nun übertragen Sie dieses Prinzip bitte auf das Sehen, Erkennen und Begreifen von Rahmenbedingungen, die über Erfolg oder Misserfolg, über Glück oder Unglück und über Zufriedenheit oder Unzufriedenheit entscheiden. Ich vermute erneut, dass Sie hier dieselbe Wahlentscheidung treffen werden.

Es entspricht meiner Erfahrung, dass den meisten Führungskräften und Mitarbeitern von Unternehmen, also den berufstätigen Menschen, die wirklichen Erfolgsprinzipien nicht hinreichend genau bekannt oder bewusst sind; selbst unbewusst handeln viele dieser Personen oft genau falsch. Warum ist das so?

Nach meinen Beobachtungen spielen unsere Emotionen dabei eine sehr große Rolle. Welche auch immer das sind: Mal sind es diejenigen Gefühle, die uns eher zurückhaltend agieren lassen, wie Vorsicht, Scheu, Furcht oder Angst, mal sind es diejenigen, die uns eher nach vorne agieren lassen, wie Angriff, Mut, Selbstvertrauen oder auch Selbstüberschätzung. In beiden Fallgruppen kann der emotionale Faktor völlig kontraproduktiv sein:

- Wenn wir mutig auf Angriff schalten und die Situation in die Hand nehmen, laufen wir vielleicht gegen eine unüberwindbare Wand aus Hindernissen und Widerständen und holen uns eine blutige Nase. Hier erkennen wir am Ergebnis, dass dieses Handeln nicht erfolgreich war, neigen aber gehirnbiologisch in einem dort angelegten automatisch ablaufenden Prozess dazu, die Schuld für unser eigenes Versagen anderen in die Schuhe zu schieben.
- Der umgekehrte Fall ist asymmetrisch: Wenn wir aus Gründen der Vorsicht, Zögerlichkeit oder Ängstlichkeit nicht handeln, können wir nicht abschätzen, ob unser Handeln möglicherweise erfolgreich gewesen wäre. Nichthandeln führt aber in den seltensten Fällen zum Erfolg!

Unsere Emotionen sind der Antriebsfaktor, der unser Handeln bestimmt oder unterbindet. Ohne systemisches Wissen, also das Wissen, wie ein soziales System wirklich funktioniert, läuft dieser Antrieb möglicherweise ins Leere oder in die falsche Richtung. Oder wir handeln völlig unwissend, unreflektiert oder unbewusst mit dem Ergebnis, dass wir unser Ziel vielleicht zufällig erreichen oder auch nicht, oder wir unterlassen das vielleicht richtige Handeln. Nun behaupte ich, dass viele Menschen ein ungenügendes systemisches Wissen besitzen und mehr oder weniger hilflos ihren Emotionen ausgeliefert sind. Das Fazit: Sie laufen »blind« für die richtigen Prinzipien ihren Emotionen hinterher und sind also in hohem Maße von ihrem Es oder Über-Ich[1] quasi »fremdgesteuert«, weil sie nicht autonom bewusst aus ihrem Ich heraus handeln.

Worauf stütze ich diese Behauptung? Auf meine nunmehr 30-jährige Erfahrung als Führungskraft in verschiedenen Unternehmen und auf eine darin eingeschlossene fast 20-jährige Erfahrung als Unternehmensberater und Coach. Gerade im Ein-

---

[1] Hier wird Bezug genommen auf das Instanzenmodell von Sigmund Freud: Es, Ich und Über-Ich, das an späterer Stelle im Buch besprochen wird.

zelcoaching von Topführungskräften finde ich immer wieder bestätigt, dass viele Führungskräfte hervorragende Ideen haben und im Prinzip auch in die richtige Richtung wollen, der geplante Weg aber in vielen Fällen systemisch nicht richtig ist.

Zusätzlich zu dieser Erfahrung gibt es dann noch eine weitere Erkenntnis, die ein merkwürdig paradoxes Prinzip beschreibt: Aktivere (meint: agilere, aggressivere, »lautere«) Menschen mit oft weniger fundiertem Sachbezug dominieren die weniger aktiven, die oft die besseren Sachargumente haben. Das ist das Paradoxe: Das weniger Gute und oft sogar das Falsche setzen sich durch.

Das kann nicht richtig sein; denn die besseren Konzepte sollten sich doch durchsetzen, oder nicht? Was meint in diesem Zusammenhang das Gorilla-Prinzip? Haben Sie schon eine Vermutung?

Ich behaupte: Ganz im Licht der Evolutionsbiologie und getreu den Darwin'schen Prinzipien vom Überleben der am besten angepassten Art funktionieren wir Menschen in unserem Berufsleben nicht wesentlich anders als eine Tierherde aus Schimpansen oder Gorillas: Es gibt ein sehr starkes Leittier, das Alpha-Tier, das in der Tierherde den systemischen Rangplatz Nr. 1 einnimmt. Dieses Tier führt die Herde und hat einige privilegierte Rechte. So weit ist uns dieses Prinzip aus den Tagen des Biologieunterrichts sicher noch vertraut. Die weiteren Tiere ordnen sich nun in einer genau definierten Rangfolge ein und verhalten sich dieser Ordnung entsprechend. Das erinnert doch schon sehr an die Aufbauorganisationen und hierarchischen Ordnungen von Unternehmen, oder nicht? Doch damit nicht genug: Die relativen Kräfteverhältnisse bestimmen über Wohl und Wehe, über Erfolg und Misserfolg und über Zufriedenheit und Unzufriedenheit im Berufsleben und damit in starkem Maße über unser Leben insgesamt.

Das Erkennen und Beachten dieser relativen Kräfteverhältnisse ist eine notwendige Voraussetzung dafür, seinen persönlichen Erfolg zu steigern. Wer diese systemische Ordnung ganz bewusst in sein Verhaltensmodell integrieren kann, wird erheblich erfolgreicher sein als zuvor. Vielleicht entdeckt er sogar den Typus des potenziellen Alpha-Gorillas in sich? Und wenn nicht, denn frei nach dem bekannten Filmtitel »Es kann nur einen geben!«: Es gibt Erfolg versprechende Strategien, die vermeintlichen Alpha-Tiere zu entlarven, sich von diesen nicht den Schneid abkaufen zu lassen und gemessen an den eigenen Wünschen und Potenzialen seine eigene Entwicklung zu optimieren oder zu maximieren.

Interessant und bedeutsam scheint es mir zu sein, dass es meines Wissens kein Buch gibt, das diese Zusammenhänge in dieser Klarheit beschreibt. Provozierend sei daher gefragt: Ist es nach wie vor ein blinder Fleck für uns Menschen, weil wir unsere Abstammung vom Affen leugnen wollen?

Dieses Buch will Licht in das für viele Menschen systemische Dunkel bringen und allen Menschen helfen, diese Prinzipien besser zu verstehen und mögliche ungerechte und paradoxe Hindernisse aufzulösen: mit Vorteilen für den einzelnen Menschen und Fortschritten für die Menschheit. Es gibt Wege hierzu, die jeder lernen kann!

1.

Das systemische Prinzip –
erste Erläuterungen

Was ist mit dem systemischen Prinzip gemeint, das in diesem
Buch behandelt wird? Immer dann, wenn ein Mensch nicht
völlig allein als Einsiedler lebt, hat er Kontakt zu anderen Menschen. Sobald ein zweiter Mensch auf einen ersten trifft, kann
es zwischen diesen beiden eine Beziehung geben. Beide zusammen bilden somit ein System. Der Grad der Beziehung
zwischen diesen beiden Menschen kann verschiedene Ausprägungen haben: von nicht vorhanden über äußerst schwach
bis hin zu extrem stark. Je stärker der Grad an Beziehung oder
je wichtiger ein Vorfall oder eine Lebenssituation sind, umso
mehr spielen systemische Prinzipien eine Rolle, die sich auf die
spezifische Konstellation in der Beziehung zwischen diesen
beiden Menschen auswirken. Diese systemischen Prinzipien
bezeichne ich als »soziale Naturgesetze«, weil sie der Natur dieses Planeten Erde entsprechen und sich wie ein Naturgesetz
auf die Interaktionen zwischen Menschen auswirken.

Folgendes Beispiel aus dem Alltag soll dieses Prinzip veranschaulichen:

- Ein Fahrgast im ICE sitzt allein in einem Abteil. Ein zweiter
  setzt sich hinzu. Wenn zwischen diesen beiden Personen
  kein Gespräch oder kein sonstiges Ereignis stattfindet, hat

sich auch keine Beziehung entwickelt. Sie gehen auseinander und haben sich möglicherweise in wenigen Tagen vergessen, wenn keine bemerkenswerte oder erinnernswerte Situation vorlag.

- Dieselbe Situation wie zuvor: Ein Fahrgast trinkt aus einem Becher Kaffee. Der Zug schlingert, und ein Teil des Kaffees leert sich auf die Kleidung des anderen. Es wird sich ein Gespräch entwickeln müssen, da dieser kleine Vorfall die beiden in eine Beziehung gebracht hat. Der Verursacher wird sich je nach seiner Wertestruktur (Höflichkeit, Laxheit etc.) auf diese Situation einstellen. Ein denkbarer Fall wäre eine Entschuldigung und ein Angebot, den entstandenen Schaden wieder gutzumachen, beispielsweise durch Übernahme der Reinigungskosten.

- Nun kann man diese Situation aber vielfältig variieren, um die systemischen Prinzipien deutlich werden zu lassen. Lassen wir in einem Fall den Verursacher einen rüpelhaften Punker sein, der selbst in Lederklamotten daherkommt, 1,90 Meter groß und geschätzte 110 Kilogramm schwer ist und zudem einige rasselnde Ketten an sich trägt. Der Fahrgast, der nun kaffeebraune Flecken auf seinem hellen Anzug hat, könnte 45 Jahre alt sein, 1,70 Meter groß sein und im Vergleich zu seinem Gegenüber ein Leichtgewicht darstellen. Wie entwickelt sich der Dialog zwischen den beiden? Vielleicht so: »Sie haben mir Kaffee auf meinen neuen Anzug geschüttet!« Der Punker: »Opa, reg dich nicht auf und halt die Klappe.« Unter bestimmten Umständen ist der Dialog dann wohl zu Ende. Natürlich könnte der Anzugträger den Schaffner aufsuchen und um Hilfe bitten; vielleicht ist er aber auch deutscher Meister in Judo oder Karate. Eine Unzahl von anderen Möglichkeiten kann man sich ausdenken, wie diese Geschichte doch noch anders ausgehen könnte, und man kann sich genauso phantasievoll den umgekehrten Fall vorstellen: Der kleine unsichere und sehr zappelige Mann schüttet einem Gorilla im Anzug den Kaffee auf die Hose. Wie hoch dürfte dann die Rechnung zur Begleichung des Schadens sein und wer würde sich in diesem Fall voraussichtlich durchsetzen?

Sie wissen nun automatisch, was mit dem systemischen Prinzip gemeint ist. Menschen bilden in ihrer Beziehung zueinander ein System. Innerhalb dieses Systems gibt es relative Kräfteverhältnisse.

Definition: Das systemische Prinzip beschreibt die relativen Kräfteverhältnisse, die zwischen einzelnen Personen in einem sozialen System bestehen.

Das Buch handelt davon, wie diese auf den ersten Blick so einfachen, beim näheren Hinschauen aber doch recht komplexen Muster aufgebaut sind und was wir daraus für unseren Erfolg in der Berufswelt ableiten und lernen können.

Der Kontext für die Behandlung dieses Themas ist also unsere Arbeitswelt. Natürlich spielen dieselben Prinzipien auch im Familiensystem und in privaten Beziehungen eine Rolle. Da die meisten Menschen aber darauf angewiesen sind, durch eine aktive Berufstätigkeit ein Einkommen zu erzielen, und wir die meiste Zeit unseres aktiven Berufslebens, vom Schlaf einmal abgesehen, am Arbeitsplatz verbringen, kommt dem Faktor Erfolg im Beruf eine besondere Bedeutung zu. Und der Erfolg wiederum ist stark davon abhängig, wie gut ein Mensch die systemischen Prinzipien in der Berufswelt versteht und sie zu seinem Nutzen einsetzen kann.

Ich habe in zahlreichen Coachinggesprächen sehr oft die Erfahrung gemacht, dass viele Führungskräfte mit den systemischen Prinzipien so gut wie gar nicht vertraut sind. Sie verstoßen daher gegen klare und feste Regeln und verschaffen sich dadurch natürlich Misserfolgserlebnisse. Dieses Buch soll deshalb einen Beitrag dazu leisten, das Wissen um die systemischen Prinzipien transparent zu machen, das eigene Verhalten danach ausrichten zu können und folglich den persönlichen Erfolg im Berufsleben zu mehren. Jeder ist seines Glückes Schmied: Der

Mensch, der die systemischen Prinzipien besser versteht und besser für sich einzusetzen weiß, wird erheblich erfolgreicher sein als ein anderer, dem diese Zusammenhänge nicht klar sind.

Ferner sagt dieses Prinzip etwas darüber aus, wo ein Mensch in einem beruflichen System steht. Wenn er seine eigene Position sehr genau einschätzen kann, wird er sich auch erfolgreicher bewegen als im umgekehrten Fall, wenn ihm eine absolute Fehleinschätzung unterläuft. Des Weiteren ist es möglich, dass ein Mensch seine potenzielle Systemposition ermitteln kann. Je genauer ihm dies gelingt, umso klarer kann er seine berufliche Entwicklung aussteuern, Fehlentwicklungen vermeiden und den individuell richtigen Mittelweg finden, der sowohl Unter- wie Überforderungen vermeidet. Gleichzeitig wird daran ein Höchstmaß an Wohlbefinden und Zufriedenheit geknüpft sein, weil systemisch bedingte Reibungsverluste minimiert und die damit verbundenen gefühlsmäßigen Frustrationserlebnisse wie Wut, Ärger, Verzweiflung etc. unterbunden werden können.

Aus einem anderen Blickwinkel heraus betrachtet verfügt ein Mensch, der das systemische Prinzip bewusst oder zumindest unbewusst versteht und beachtet, über eine gut ausgeprägte Sozialkompetenz; denn sozialkompetent meint, soziale Beziehungen einschätzen und sein eigenes Verhalten mit dem von anderen Menschen so koordinieren zu können, dass gemeinsame Aktivitäten möglichst zum beiderseitigen Nutzen möglich sind. Ein sozialkompetenter Mensch besitzt also die Möglichkeit, die systemisch determinierten Bedingungen in sozialen Systemen verstehen und in seinen Handlungen befolgen zu können.

Zusammengefasst handelt das Buch also von

- den relativen Kräfteverhältnissen zwischen Menschen, die untereinander ein soziales System bilden,
- den Interaktionen, die zwischen diesen Menschen stattfinden und die den systemischen Prinzipien gehorchen,

- den Möglichkeiten, den eigenen beruflichen Erfolg zu mehren,
- den Möglichkeiten, seinen eigenen richtigen beruflichen Weg zu finden,
- den Möglichkeiten, seine eigene Sozialkompetenz zu mehren,
- den Prinzipien, die eigene Zufriedenheit und das Lebensglück zu mehren, und
- den Hoffnungen, dass die Menschheit insgesamt sich ethisch weiterentwickeln kann, indem immer mehr Menschen Klarheit über die systemischen Bedingungen von sozialen Systemen erlangen und diese beachten.

2.

Evolutionsbiologische Beschreibung des systemischen Prinzips von Rangordnungen

Die systemische Betrachtungsweise folgt einem biologischen Prinzip, das ganz allgemein in der Natur verbreitet ist. Das Darwin'sche Prinzip »survival of the fittest«, das Überleben der am besten angepassten Spezies, sichert ein Überleben des Einzelnen und damit auch ein Überleben der jeweiligen Population. Um dieses Prinzip zu verwirklichen, gibt es innerhalb einer Gemeinschaft von Lebewesen ein klares Ranking: So hat jede Tierherde ihr Alpha-Tier. In der Regel ist es das stärkste, klügste und fortschrittlichste Tier. In erbittert ausgefochtenen Rivalenkämpfen setzt sich dieses Tier an die Spitze einer Herde und führt diese so lange, wie seine Überlegenheit und Kraft andauern und bis es irgendwann einem stärkeren Tier weichen muss.

Diese systemischen Prinzipien, denen auch wir Menschen unterworfen sind, sind von Biologen in unterschiedlichen Tierpopulationen beobachtet worden. Der Mensch verhält sich am ähnlichsten den Verhaltensmustern, die auch bei anderen Primaten vorherrschen. Insofern kann man das systemische Prinzip in der Lebensform des Menschen auch das Gorilla-Prinzip nennen, weil eine Gorilla- oder Schimpansenherde im Prinzip genauso funktioniert wie die soziale Ordnung und die Abläufe in Unternehmen.

»Nie werde ich meine erste Begegnung mit den Gorillas vergessen. Geräusch kam vor Sicht, und vor dem Geräusch kam noch der Geruch in Form einer umwerfenden Mischung aus moschusartigem Stall- und Menschenduft. Plötzlich war die Luft erfüllt von einer Reihe schriller Schreie, gefolgt von dem rhythmischen Rondo scharfen Pok-pok-Brustgetrommels eines großen, männlichen Silberrückens[2], der von einer schier undurchdringlichen Pflanzenmauer verdeckt war.«[3]

»Wir lugten durch das Dickicht und konnten eine ebenso neugierige Phalanx schwarzer, ledergesichtiger, haarbeschopfter Menschenaffen sehen, die auf uns zurückstarrten. Ihre klaren Augen bewegten sich unruhig unter starken Brauen, als ob sie uns einordnen wollten als vertraute Freunde oder mögliche Feinde. ... Hin und wieder richtete sich der ranghöchste Mann auf zum Brusttrommeln, mit dem er uns einzuschüchtern versuchte. Der Klang hallte durch den ganzen Wald wider und rief ein ähnliches, wenngleich weniger großartiges Imponiergehabe bei den Gorillas hervor, die sich um ihn scharten. ... Wie im Wetteifer um unsere Aufmerksamkeit vollführten einige Tiere eine Reihe von Tätigkeiten wie Gähnen, symbolische Nahrungsaufnahme, Zerbrechen von Zweigen oder Brusttrommeln. Nach jeder Darbietung blickten die Gorillas fragend auf uns, als ob sie die Wirkung ihrer Vorstellung feststellen wollten.«[4]

In jeder Population von Lebewesen gibt es eine klare Rangordnung: Das Alpha-Tier steht an der Spitze und hat die meisten Rechte. »Es ist ein großartiger Anblick, wenn massige Silberrücken auf der Suche nach den kleinen Delikatessen behutsam in die höchsten Äste stiegen. Dank ihres hohen Ranges haben sie die erste Wahl, während die rangtieferen Tiere am Boden warten, bis die Patriarchen hernieder steigen und sie an der Reihe sind.«[5] Die rangtieferen Tiere müssen sich in diese Rangordnung einfügen und können drohende Gefahren bei Überschreitung ihrer Kompetenzen am besten

---

[2] Ein Silberrücken ist das ranghöchste Alpha-Tier, der aufgrund seines Alters eine silberne Färbung in seinem Fell hat.

[3] Dian Fossey, Gorillas im Nebel, Kindler Verlag, 1989. Originalausgabe: Houghton Mifflin Company, Boston 1983.

[4] Ebenda, S. 24 f.

[5] Ebenda, S. 83.

durch eine vertiefte Demutshaltung abwehren: Hunde werfen sich auf den Rücken und bieten dem überlegenen Tier die Kehle. Ein Mensch, der mit einem nur scheinbar gefährlichen Gorilla zusammentrifft, kann sich auf diese Art und Weise schützen: »Der Angriff einer Gorilla-Gruppe ist sehr schwer zu beschreiben. Wie bei den anderen Angriffen auf mich waren die Schreie so ohrenbetäubend, daß ich nicht wußte, aus welcher Richtung sie stammten. ... Als der dominante Silberrücken mich erkannte, bremste er etwa einen Meter vor mir ab, woraufhin die vier nachfolgenden Männer sofort ungeschickt auf ihm landeten. In diesem Augenblick sank ich langsam zu Boden, um so unterwürfig wie möglich zu erscheinen.«[6]

Die Rangordnung wird über Rivalenkämpfe erstellt. Ein solcher Kampf findet ceteris paribus aber nur dann statt, wenn die Kräfteverhältnisse so beschaffen sind, dass der Angreifer auch tatsächlich gewinnen kann; sonst zieht er sich wieder in sichere Entfernung zurück.

»Schließlich hielt Onkel Bert es nicht mehr aus. Auf den Hinterbeinen stehend, trommelte er auf seinem Brustkorb und klatschte laut auf die Pflanzen zwischen sich und Beethoven. Das war zuviel für den älteren Mann, der bis dahin ein Muster an Duldsamkeit gewesen war. Mit zornigen Schreien stürzte er sich auf Onkel Bert. Der junge Silberrücken floh schmählich bergab, der Rest seiner Gruppe mit hysterischem Geschrei hinter ihm her. Anstatt ihm zu verfolgen, stand Beethoven nur da und blickte verachtungsvoll den verwirrten Angehörigen der Gruppe 4 nach. Knapp 20 Meter weiter unten blieb Onkel Bert stehen. Zweifellos gab ihm der größere Abstand mehr Sicherheit, und er nahm sein Imponiergehabe wieder auf mit Brusttrommeln, Heulgesängen und Rennen durchs Gebüsch.«[7]

Weil es ein klares Ranking in jeder Gruppe gibt, wird es als Rolle daher nicht nur den Anführertypus, sondern auch das Schlusslicht der Gruppe geben: das Omega-Tier.

---

[6] Ebenda, S. 87.
[7] Ebenda, S. 101 f.

»Beethoven zeigte sich als einziger in Gruppe 5 besorgt um das junge Weibchen. Er verlangsamte die Geschwindigkeit der Fortbewegung und der Futtersuche, so daß sie mitkam, und er verteidigte sie gegen die zunehmenden Mißhandlungen durch Gruppenmitglieder. Je schwächer sie wurde, desto häufiger war sie das Ziel von Rempeleien, Tritten und Angrunzereien.«[8]

Ihnen werden gewisse Analogien aufgefallen sein:

- Wenn sich eine Herde von Menschen nähert, hören wir zunächst deren Gerede, was in einer Gruppe meistens besonders laut ausgeprägt ist. Ein Geschnatter wie in einem Affenzirkus, ein Wort, das in die Umgangssprache eingeflossen ist und auch noch eine andere inhaltliche Bedeutung transportiert, die Ihnen bestens bekannt sein dürfte. Wenn Affen aufgeregt sind und nicht weiterwissen, dann fangen sie ein lautes Geschnatter an. – Manager sind ähnlich. Wenn sie unklar sind, dann fängt ein großes Gerede an. Je mehr Emotionen eine Rolle spielen und je unklarer die Gedanken sind, umso lauter ist das »Geschnatter« der Manager und umso länger dauern die Sitzungen. Eine Ausnahme, die Sie sehr oft beobachten können: im Fahrstuhl. Hier erstirbt nahezu jedes Gespräch sofort, weil der Sicherheitsabstand zu gering ist.
- Und nicht nur für Frauen gilt, dass ihnen der Duft von Parfüms vorauseilt.
- Das Nachahmungsverhalten imitiert immer die Vorgaben des Alpha-Tiers. Wie ausgeprägt ist in Unternehmen die Kultur, sich am Verhalten des Topmanagements zu orientieren! Hierbei werden natürlich nicht nur sinnstiftende Verhaltensweisen kopiert, sondern leider auch völlig unsinnige.
- Das Brusttrommeln findet man, außer von Johnny Weismüller in seinen Tarzanfilmen beeindruckend vorgeführt, in der Welt des Managements nur in abgeleiteter Form wieder. Das Brusttrommeln macht deutlich, dass man groß,

---

[8] Ebenda, S. 142.

stark und mächtig ist und hebt den Brustkorb deutlich hervor. Der Kleidungsstil im Management unterstreicht dies ebenso durch uniformhafte Sakkos und auffällig-unauffällige Krawatten, während bei den Militärs die wirklichen Uniformen und die mit zahlreichen Orden geschmückte Brust dem Gorilla-Prinzip in seiner urwüchsigen Form noch etwas näher stehen.

- Beim Essverhalten transformiert sich das Gorilla-Prinzip in die Kantine für alle und die besonderen Speisesäle, die dem Topmanagement vorbehalten sind und häufig von einem Edelkoch bewirtschaftet werden. Die Spesenbudgets sprechen dieselbe Sprache.

- Die Demutshaltung wird heute in westlichen Regionen in verschiedenen Formen praktiziert: zum Beispiel durch ein Verneigen bei der Begrüßung. In anderen Kulturkreisen (Japan), bei Hofe oder in der Kirche (die tiefe Verneigung und der Handkuss) ist dieses Ritual der Demutshaltung durchaus noch wesentlich stärker ausgeprägt. Und es gibt zahlreiche Varianten davon in Unternehmen, die Ihnen alle sicherlich bestens bekannt sind. Auch die Umgangssprache hat diese Demutshaltung übernommen: sich mit eingezogenem Kopf davonschleichen.

- Das Imponiergehabe bei Gorillas und Menschen ist im Grundsatz identisch. Die Menschen haben hierfür eine Unmenge von Statussymbolen erfunden, auf die leider in vielen Unternehmen peinlichst genau geachtet wird: Wie groß ist mein Büro? Auf welcher Etage befindet es sich? Wie viele Fenster (Achsen) hat meine Büroflucht? Wie viele Sekretärinnen schmücken mich? Bekomme ich einen Dienstwagen?[9]

---

[9] Ein besonders paradoxes Anschauungsbeispiel hierfür vermittelte der Bereichsleiter Personal eines großen Industrieunternehmens, der in einem Einstellungsgespräch einem zukünftigen Abteilungsleiter in aller Ausführlichkeit die Dienstwagenregelung vorstellte, um dann seine Ausführungen, die über 30 Minuten andauerten, mit dem Satz zu schließen: Als Abteilungsleiter allerdings haben Sie keine Dienstwagenberechtigung!

Sie können diese Liste im beruflichen oder privaten Bereich beliebig verlängern. Die Standards dieser Statussymbole werden vom Topmanagement geprägt, die dann in rangmäßig abgestufter Form im Nachahmungsverhalten kopiert werden.

- Ein besonders ausgeprägtes Element dieser Statussymbole sind die Titel, die im Management vergeben werden. Wir finden in Deutschland die bekannte Hühnerleiter vom Handlungsbevollmächtigten Version A und B über den Prokuristen, Abteilungsdirektor, stellvertretenden Direktor, Direktor, Direktor mit Generalvollmacht, Generalbevollmächtigten, Vorstand oder Geschäftsführer, Sprecher, Vorsitzenden bis zum früher sehr beliebten Generaldirektor. Die unnütze Perversion dieser Titelmanie zeigt sich zum Beispiel in Konstruktionen, den früheren Inhabern bestimmter Rangstufen diesen ihre Titel in veränderter Form immer noch anzuerkennen, indem man einen Zusatz formuliert: Staatssekretär a. D. oder Altbundeskanzler. Diese Hierarchietitel bilden in vielfältiger Weise das systemische Ranking ab.

- Der Sicherheitsabstand im Zusammenhang mit dem Imponiergehabe ist bei uns Menschen besonders eindrucksvoll zu beobachten: Wer kennt nicht die unzähligen Storys von Kollegen: »Dem habe ich es aber gezeigt!«, aus sicherer Entfernung formuliert, während sie tatsächlich im Gespräch mit ihrem Widersacher mit hoher Wahrscheinlichkeit die Unterwürfigkeit in Person waren. – Leider ist es so, dass uns Menschen eine gut ausgeprägte konstruktive Konfliktfähigkeit nicht angeboren ist, sondern dass diese erst durch viele Übungen erworben werden muss. Fast kann man gleichsetzen: Wer nicht aus der Ferne prahlt, wie stark er in einer bestimmten Situation aufgetreten ist, der dürfte eher ein hohes Maß an Konfliktfähigkeit und Überzeugungskraft besitzen et vice versa.

- Auch bei den Gorillas ist schon ein Phänomen zu erkennen, das wir heute mit dem englischen Begriff des Mobbings bezeichnen. Das Mobbing richtet sich immer gegen ein Mitglied eines Systems, das aus welchen Gründen auch immer nicht so richtig in das System passt. In einer Kultur der Intelligenz ist es der zu wenig Intelligente, der schließlich weichen muss, in einer Kultur von Leistung und Erfolg der am wenigsten Erfolgreiche. In Unternehmen mit einer ausgewogenen, natürlichen Kultur sind es Menschen, die eher nicht ausgewogen und eher ungewöhnlich sind.[10]

Die Schimpansen sind genetisch ein wenig weiter entwickelt als die Gorillas und zeigen einerseits ähnliche Verhaltensweisen, andererseits Muster, die ein wenig differenzierter und »intelligenter« sind. Zum Imponiergehabe folgende Beispiele: Es war häufig zu beobachten, »daß die Schimpansenmännchen der Herde plötzlich anfingen zu rennen, wobei sie sich aufrichteten, herabgefallene Äste hinter sich herschleiften, stampften oder mit den Händen auf den Boden schlugen. Dieses Imponier-Verhalten war stets von lauten«[11] Schreien begleitet.

Der Kampf in der Schimpansenhierarchie geschieht in Form dieses beschriebenen Imponiergehabes:

> »Wenige Minuten später tauchte Goliath auf und begann, sobald er den Rand der Camplichtung erreicht hatte, eines seiner wilden Imponier-Schauspiele in Szene zu setzen. Er mußte Mike gesehen haben; denn er ging, einen großen Zweig hinter sich herziehend, geradewegs auf ihn zu. Dann sprang er auf einen Baum, der dicht bei Mikes Baum stand, und er verhielt sich still. Einen Augenblick lang starrte Mike zu ihm hinüber bevor auch er mit dem Imponieren begann, die Äste seines Baumes schüttelte, sich herabschwang, ein paar Steine schleuderte und schließlich in Goliaths Baum kletterte und nun dort an den Ästen rüttelte. Sobald er innehielt, trat Goliath in Aktion, schwang sich im Baum umher und schüttelte die Äste. ... Dieses Schauspiel dauerte fast eine halbe Stunde:

---

[10] Diese Beobachtung veranlasste einen erfahrenen Psychologen zu der Bemerkung: Ich betreue relativ viele Mobbingopfer, und leider muss ich sagen, dass ich verstehen kann, warum sie gemobbt worden sind.

[11] Jane Goodall, Wilde Schimpansen, Rowohlt Verlag, 1971. Originalausgabe: William Collins Sons & Co, London 1971.

Erst drohte der eine, dann der andere, und von Mal zu Mal wurde ihr Gehabe wilder und spektakulärer. Und dennoch: Sieht man davon ab, daß sie einander gelegentlich mit den Enden der Zweige trafen, an denen sie rüttelten, griff während der ganzen Zeit doch keiner der beiden Schimpansen den anderen wirklich an. Plötzlich, nach einer besonders langen Pause, schien Goliaths Widerstand gebrochen. Er lief auf Mike zu, duckte sich neben ihn mit lauten, nervösen *pant-grunts* nieder und begann ihn mit fieberhafter Intensität zu lausen.«[12]

»Es war das letzte Duell zwischen den beiden Männchen. Von nun an hatte man den Eindruck, daß Goliath die Überlegenheit Mikes akzeptierte, und zwischen den beiden entwickelte sich eine merkwürdig intensive Art der Beziehung. Sie begrüßten einander überschwänglich, umarmten sich, beklopften sich gegenseitig und küßten einander auf den Hals, bevor sie sich niederließen und sich gegenseitig lausten.«[13]

Mike hatte zuvor schon einige neue besondere Verhaltensweisen entwickelt, um seinem Imponiergehabe einen besonderen Ausdruck zu verleihen:

»Wenn Mike mit Vorliebe Gegenstände benutzte, die von Menschen hergestellt waren, so war das vermutlich ein Zeichen seiner außergewöhnlichen Intelligenz. Zwar hatten viele ausgewachsene Männchen gelegentlich statt der üblichen Zweige oder Steine Paraffinkanister mit sich geschleppt, um ihrem Imponieren mehr Nachdruck zu verleihen, aber allein Mike war allem Anschein nach in der Lage gewesen, aus der zufälligen Erfahrung Nutzen zu ziehen, und nur er hatte gelernt, die Kanister bewußt ausfindig zu machen und zu seinem eigenen Vorteil einzusetzen. Es versteht sich, daß die Kanister um ein Vielfaches mehr Lärm verursachten als ein Zweig, wenn sie mit großer Geschwindigkeit auf dem Boden entlanggeschleift wurden. ... Kein Wunder, daß Männchen, die ihm bis dahin übergeordnet waren, eilig auswichen, wenn er daherkam.«[14]

Also können wir bei den Schimpansen dasselbe Imponiergehabe mit neuen, weiter entwickelten und intelligenteren Spielvarianten feststellen. Kein Wunder also, dass der Mensch

---

[12] Ebenda, S. 152 f.
[13] Ebenda, S. 153.
[14] Ebenda, S. 151.

den Schimpansen im Imponiergehabe überragt, weil er noch intelligentere Lösungsstrategien entwerfen kann.[15]
Seit 250 Millionen Jahren gibt es Säugetiere. Primaten bestehen seit 65 Millionen Jahren. Menschen und Schimpansen trennten sich in ihrer Entwicklung vor sechs Millionen Jahren, und in der Folgezeit gab es zahlreiche parallele Entwicklungslinien der Primaten, von denen nur eine einzige überlebte: der Homo sapiens. Diese Linie ist je nach Forscherangabe etwa 25.000 bis 40.000 Jahre alt. In dieser Zeit hat sich das menschliche Gehirn nicht wesentlich verändert, wie zahlreiche Untersuchungen belegen.[16]
Würde man die gesamte Entwicklung von Leben auf der Erde auf einem Zeitstrahl von 24 Stunden abbilden, so ergäben sich folgende Werte:

* Säugetiere entstanden vor etwa einer Stunde,
* Primaten bestehen seit etwa 18 Minuten,
* die ersten Menschen seit knapp zwei Minuten
* und der heutige Homo sapiens seit etwa einer halben Sekunde. Das heißt, die Großhirnrinde, wie sie bei uns Men-

---

[15] Eine Führungskraft beobachtete, wie sehr sich der neue Vorstandsvorsitzende in Szene zu setzen versuchte. Kurz nach Dienstantritt parkte das neueste und größte Offroadmodell eines renommierten Herstellers an dem besonderen Platz in der Tiefgarage, und eine Geschäftsreise nach Dublin wurde zu einem ausgedehnten Shoppingbummel genutzt: Die an beiden Händen baumelnden Plastiktüten zeigen schimpansenhaft eindrucksvoll, wie sehr der Vorstandsvorsitzende seinen persönlichen Kurs zelebrierte, während er dem Unternehmen gleichzeitig einen knallharten Sparkurs verordnete.

[16] Der interessierte Leser möge hierzu zum Beispiel die Schriften von Professor Wolf Singer, Direktor des Max-Planck-Instituts für Hirnforschung in Frankfurt, lesen. Aus einem Vortrag von ihm stammt folgender Gedanke: Wenn man die Möglichkeit hätte, ein Baby, das aus der Anfangszeit des Homo sapiens stammt, in der heutigen Zeit großzuziehen, dann könnte es alle modernen Fertigkeiten genauso lernen wie der heutige Mensch: Pilot werden und Flugzeuge fliegen, komplizierte mathematische Formeln lösen oder andere hochkomplizierte technische Tätigkeiten ausüben; denn das damalige Gehirn ist dem heutigen in seinen Strukturen identisch!

schen ausgeprägt ist, hat auf dem Zeitstrahl der Entwicklung abgetragen nur eine Strecke von 0,05 Prozent zurückgelegt in Bezug auf das Gehirn von Primaten. Eine ähnliche Relation: Aus der Genomforschung ist bekannt, dass das Genom des Menschen und des Schimpansen zu über 98 Prozent übereinstimmen: Hier spiegelt sich also ebenfalls die Relation der Entwicklungszeit.

So gesehen werden Verhaltensähnlichkeiten, die es im gesamten Tierreich gibt, leichter nachvollziehbarer und sind für den Menschen als »Krone der Schöpfung« vielleicht auch leichter zu akzeptieren. Innerhalb der Gruppe der Primaten müssen sie dann aufgrund hoher genetischer Übereinstimmungen auch besonders hoch ausgeprägt sein. Gleichwohl findet man auch in anderen Tierpopulationen Ähnlichkeiten: ob es ein Rudel von Wölfen ist oder die nur scheinbar zusammenhanglose Ansammlung von Hühnern auf dem Hof, bei denen es aber auch eine eindeutige »Hackordnung« und »Hühnerleiter« gibt – Begriffe, die in den menschlichen Sprachgebrauch übergegangen sind.

Statt dieses Buch nun das Hühner- oder Wolfsprinzip zu nennen, habe ich bewusst auf den Begriff des Gorillas abgestellt. In der Welt des Managements bietet der Gorilla die beste Parabel, um das Führungsverhalten zu beschreiben. Letztlich sucht jedes Unternehmen den »Silberrücken« – einen Anführer von höchstem Charisma, dem seine Führungskräfte nachlaufen und den man als oberste Gallionsfigur der Öffentlichkeit präsentieren kann. In der Managementsprache ist dieser Silberrücken der Chief Executive Officer (CEO) oder im deutschen Sprachgebrauch der Vorstandsvorsitzende oder Sprecher der Geschäftsführung. Der Gorilla als äußerst massiger Primate steht weiterhin für eine ungeheure Kraft, ist aber gleichzeitig auch ein äußerst soziales Wesen, das seinen Clan, die Großfamilie, innerhalb derer er lebt, zusammenhält und gegenüber den feindlichen Stämmen anderer Gorillafamilien mit seinem Leben verteidigt. – Ist es im Management nicht auch so? Der Wettbewerber, der Konkurrent als nützliches Symbol eines »Feindbilds«?

Manch ein Leser mag beim Lesen dieser Zeilen geschmunzelt haben, weil es ihn an typische Prozesse im Management erinnert, die nach demselben Muster ablaufen. In jeder Situation des Lebens werden solche »Hackordnungen« festgelegt. Besonders auffällig ist es dann, wenn Menschen neu zusammenkommen.[17] Hier kann man direkt zuschauen, wie die Kräfteverhältnisse überprüft werden: zum Beispiel in Seminaren. Wie bei Birkenbihl im Handbuch für Trainer nachzulesen ist: »Beim Kampf um die Führung geht es immer um den ›informellen‹ Gruppenführer. Denn die Stellung des Seminarleiters als ›formeller‹ Gruppenführer wird ja (wenigstens zunächst) nicht in Frage gestellt. Sollte sich der Seminarleiter als Nicht-Autorität erweisen – was die Gruppe in der Regel am ersten Vormittag testet! –, dann sieht er sich ständigen, massiven Angriffen ausgesetzt.«[18] Das zeigt, dass einerseits in bestimmten, sich neu konstellierenden Situationen der Führer zwar gesetzt ist (das Seminar, die Reiseveranstaltung mit einem Reiseführer etc.), hier in Form des Seminarleiters; dass andererseits eine solche Führungsposition aber nur dann auch Bestand hat, wenn der Führer nicht nur die Autoritätsposition hat, sondern er tatsächlich eine Autorität ist. Wer hat nicht schon erlebt, dass manches Seminar von den Teilnehmern boykottiert worden ist, weil der Trainer die Führungsrolle durch seine Inkompetenz verlor und damit dann auch seinen Kunden.

»Der Kampf um die informelle Führung findet immer statt! Und zwar gewinnt diesen Kampf immer jener Teilnehmer, der Dominanzstreben mit einem starken Energiepotential vereinigt. Also nicht etwa der, der am meisten weiß – sondern

---

[17] In einem späteren Kapitel wird diese Thematik ausführlich erörtert: Neuzugänge im System.

[18] Michael Birkenbihl, Train the Trainer, verlag moderne industrie, 14. Auflage 1998, S. 56. Erste Auflage 1971, Verlag Moderne Industrie, Landsberg.

wer die ›stärksten Ellenbogen‹ besitzt!«[19] Wie findet dieser Kampf statt? »Kommen wir nunmehr zum nächsten gruppendynamischen Phänomen, dem *Kampf um den Platz in der ›Hackreihe‹*. Sie kennen vermutlich den Begriff ›Hackreihe‹ aus der Tierpsychologie, der besagt: in jeder Tiergruppe (zum Beispiel in einer Hühnerschar) wird vermittels (realer oder symbolischer) Zweikämpfe festgestellt, wer wen ›hacken‹ darf. So ergibt sich eine Rangfolge vom stärksten Tier bis zum schwächsten. Diese Hackreihe bleibt solange (für ›ewige‹ Zeiten) intakt, bis ein neues Tief zur Herde stößt. Dann herrscht in dieser Herde solange Unruhe, bis in einzelnen Zweikämpfen ermittelt worden ist, welcher Platz in der Hackreihe dem neuen Gruppenmitglied zusteht.«[20] Birkenbihl hat in seinen Seminaren feststellen können, dass sich in der Regel folgende unterschiedliche Rollen konstellieren:[21]

• Der informelle Führer
• Der Tüchtigste
• Der Oppositionelle

Neben diesen drei aktiven Rollen unterscheidet er noch weitere passive Rollen:

• Der Beliebteste
• Der Gruppentrottel
• Der Anpasser
• Der Außenseiter

Wie verlaufen solche systemischen Prozesse in sozialen Systemen? Wie findet man seine Rolle in einem Unternehmenssystem? Wie passt sich der einzelne Mensch seinem sozialen System so an, dass er seinen richtigen Rangplatz und seine ihm zustehende Rolle findet?

---

[19] Ebenda, S. 56.
[20] Ebenda, S. 57.
[21] Vgl. ebenda, S. 60.

3.

Autonomes Individuum oder systemabhängiges soziales Wesen?

Gern sehen wir Menschen uns als autonom an: der kategorische Imperativ von Kant, Willensfreiheit und Selbstbestimmtheit als Schlagworte unseres tatsächlichen oder vermeintlichen Selbstbewusstseins und des mit kritisch-rationaler Vernunft ausgestatteten und begabten Menschen. Ist es tatsächlich so? Oder machen wir uns nur etwas vor?

Diese Frage können bis heute weder Gehirnforscher oder Psychologen noch Biologen oder Philosophen eindeutig beantworten. Im Gegenteil streiten diese Disziplinen mehr oder weniger erbittert miteinander und finden für die unterschiedlichen Positionen gute Erklärungsansätze.[22]

Dieses Buch behandelt den Ausschnitt des sozialen Wesens. Als Einführung in dieses Themengebiet mag das bekannte Modell von Sigmund Freud dienen. Er beschrieb drei »Instanzen«: Es, Ich und Über-Ich.

Das Ich steht im Spannungsfeld zwischen den Bedürfnissen und Trieben des Es und den »einschränkenden« Bedingungen des Über-Ich.

---

[22] Eine Zusammenfassung dieser aktuellen Diskussion finden Sie in folgendem Buch: Christian Geyer, Hirnforschung und Willensfreiheit, Suhrkamp Verlag, Frankfurt am Main 2004.

Über-Ich
Ich
Es

Das Über-Ich füllt sich aus den Normen und Werten der das Individuum umgebenden Umwelt. So hat eine Gorilla- oder Schimpansenherde bestimmte Lebensbedingungen, die dem Nachwuchs durch Beobachtung klar und kognitiv gelernt, durch Verhaltensnachahmung eingeübt und durch Sanktionen eingegrenzt werden.

Auch bei uns Menschen steht an erster Stelle das Elternhaus, das die generellen Rahmenbedingungen der sozialen Welt einerseits und in der speziellen Differenzierung der elterlichen Welt andererseits auf die Kinder transformiert. Später kommen die Mitglieder der Peergroup hinzu, der Kindergarten, die Schule und alle weiteren Institutionen, in denen das Individuum soziale Beziehungen eingeht. Später für Berufstätige das Unternehmen mit seiner besonderen Kultur, aber auch eine Partei, die Religion, die Gesellschaft an sich etc.

»Um unsere primäre Sozialisation (das ist unser kindliches Hineinwachsen in gesellschaftliche Struktur- und Interaktionszusammenhänge und das Erlernen elementarer Rollen durch die Übernahme bestimmter Normen und Regeln) zu erleichtern, hatten unsere ›Erzieher‹ einen nahezu genialen, wenn auch pathogenen Einfall: Sie lehrten uns Angst-, Schuld- und Unterlegenheitsgefühle zu haben, wenn wir den vermittelten Normen, den an uns herangetragenen Rollenerwartungen, nicht entsprachen.«[23]

»Zeigten wir solche Gefühle, fiel die Strafe für Übertretungen meist geringer aus. So wurden wir gleichsam darauf konditioniert, bei Übertretungen von Überich-Imperativen oder auch späteren Anordnungen irgendwelcher Autoritäten oder bei

---

[23] Lay, Führen durch das Wort, S. 66, Rowohlt Taschenbuch Verlag GmbH, 1981. Originalausgabe:Wirtschaftsverlag Langen-Müller/Herbig, München, 1978.

Verletzungen der üblichen Interaktionsregeln Angst-, Schuld-, Scham-, Mindergefühle zu haben. (...) Um zu einem mündigen, autonomen (das heißt erwachsenen) Menschen zu werden, müssen wir uns von solchen, von jeder Realität abgezogenen und dennoch außerordentlich wirklichen und wirksamen Gefühlen emanzipieren.«[24]

Im Es sind die Emotionen des Menschen gespeichert. In der Psychologie werden verschiedene Emotionen unterschieden und auch unterschiedliche Begriffe verwendet: Gefühle, Affekte, Stimmungen. Wesentlich ist die Unterscheidung zwischen primären und sekundären Emotionen. Danach sind primäre Emotionen grundlegend und passen zu einer Situation, sie sind also angemessen. Solche Gefühle sind beispielsweise Freude und Trauer, Angst und Wut. Sie erfüllen wichtige Funktionen im Leben des Menschen. Freude produziert Glückshormone und löst Lustgefühle aus, Trauer dient der Verarbeitung von unguten Gefühlen, beispielsweise nach einer Trennung von einem wichtigen Menschen, Angst übt eine wichtige Schutzfunktion aus, und Wut induziert Verhaltensmöglichkeiten in Kampfsituationen (Angriff, Verteidigung oder Flucht). Primäre Gefühle wirken auf andere immer authentisch und stimmig: Als Zuschauer im Sinne von unbetroffenen Beteiligten haben andere den Eindruck, dass Situation und geäußertes Gefühl übereinstimmen. Sekundäre Gefühle hingegen werden von Menschen eingesetzt, um etwas zu erreichen. Es handelt sich daher um komplexere Gefühlsmischungen, und neben der vordergründigen Ebene gibt es dahinter noch eine tiefere Ebene mit dem primären, wahren Gefühl, das verdrängt oder kaschiert wird. Dies kann zum Beispiel das Weinen eines Menschen sein, der damit etwas bezwecken will, sein eigentliches Gefühl damit aber maskiert. Sekundäre Gefühle wirken nicht authentisch. Das heißt, dass andere Menschen dabei nicht mitschwingen und ein ungutes Gefühl entwickeln.

---

[24] Ebenda, S. 67.

Das Ich als die subjektive handlungsleitende Instanz sucht nun ständig den Dialog zwischen dem Es und seinen Emotionen einerseits (»Ich habe jetzt Hunger und würde gern etwas essen«) und dem Über-Ich und seinen Verboten (»Jetzt in der Sitzung in der Firma darf nicht gegessen werden, obwohl Mittagszeit ist«) andererseits.

Wie findet nun die Einbindung des einzelnen Menschen in das soziale System statt? Das Über-Ich fungiert hier als Leitsystem. Es stellt das Verbindungselement des Einzelnen mit seinem sozialen System dar.

Systeme sind hierarchisch gegliedert als Folge von biologischen Evolutionsprozessen und Notwendigkeiten. Eine Lösung für ein einzelnes Individuum muss also immer den systemischen Bezug herstellen und kann nicht isoliert davon gesehen werden. Folgende Geschichte möge dies verdeutlichen:

Der Medizinmann

Mehrere Anthropologen kamen in ein indianisches Dorf, um mit Erlaubnis des indianischen Stammes wissenschaftliche Untersuchungen vorzunehmen. In dem Team der Anthropologen war auch ein Arzt. Der indianische Stamm war so aufgebaut wie viele andere Stämme: Es gab einen Häuptling, einen Medizinmann, und auch die anderen Positionen waren entsprechend besetzt.

Eines Tages erkrankte einer der Indianer. Der Medizinmann untersuchte ihn und begann dann mit dem Heilungsverfahren, indem er wie gewohnt bestimmte Kräuter und Säfte vermischte, einen rituellen Tanz aufführte und seine Gebete sprach. Der Arzt untersuchte diesen Indianer auch und kam zu dem Urteil, dass man etwas anderes tun müsste.

Er sagte dies dem Medizinmann etwa mit den folgenden Worten: Ich bin ein ausgebildeter Arzt und weiß daher, dass hier Ihre Naturmedizin nicht hilft. Sie müssen ihm ein Antibiotikum geben. Doch der Medizinmann wollte den Rat nicht annehmen und beharrte auf seiner Position. Der Arzt wurde deutlicher und griff zu noch drastischeren Worten, um den Medizinmann zu überzeugen. Doch dieser wurde immer weniger einsichtig und brach das Gespräch schließlich ab. Am nächsten Tag bedeutete der Häuptling, dass ihre Zeit beendet sei und sie gehen müssten.

Was ist falsch gelaufen? Wer hatte Recht? Der nach neuesten wissenschaftlichen Kenntnissen ausgebildete Arzt? Oder der in der Tradition des Stammes praktizierende Medizinmann? Oder möglicherweise beide? Wie hätte es gelingen können, dass der Arzt seinen Rat und sein Medikament so hätte anbringen können, dass der Medizinmann es angenommen hätte? Wissen Sie die systemisch richtige Lösung, die eine Win-win-Lösung darstellt? In Kurzform lautet sie:

Der Arzt geht zum Medizinmann und fragt ihn um Rat; etwa mit den folgenden Worten: Ich bewundere Ihre Kenntnisse des menschlichen Körpers und des menschlichen Geistes. Sie haben hier ein ganz besonderes Heilungsverfahren angewendet, das mir nicht vertraut ist. Ich würde es gern von Ihnen lernen und bitte Sie darum, mich darin zu unterweisen. – Der Medizinmann fühlt sich geachtet und geehrt. Er erklärt dem Arzt seinen Behandlungsplan.

Er gibt ihm etwas. Nun möchte er von dem Arzt auch etwas bekommen und fragt ihn seinerseits, wie er in diesem Fall vorgehen würde.

Der Arzt kann nun darauf verweisen, dass es in diesem Fall sinnvoll sein könnte, statt der einen oder anderen Heilungsmethode (Entweder-oder-Bedingung) eine Kombination anzuwenden (Sowohl-als-auch-Bedingung). Er würde dies systemisch richtig mit folgenden Gedanken einleiten: Deine Behandlungsmethode erscheint mir absolut richtig zu sein. Vielleicht wird dein Stammesmitglied schneller gesund, wenn du ihm zusätzlich folgendes Pulver gibst.

Viele Menschen begehen den Fehler, Arzt sein zu wollen. Sie hören von einem Problem, haben oft sofort eine Lösung parat und schlagen diese auch vor. Dabei berücksichtigen sie zwei wesentliche Dinge nicht:

- Die Lösung, die einem einfällt, passt möglicherweise hervorragend, aber eben nur für einen selbst und nicht für den anderen. Die Kunst des systemischen Wirkens besteht darin, für den anderen eine Lösung zu finden, die zu ihm passt und ihm in der Realisierung möglich ist. Milton Ericksson hat hierzu den Begriff geprägt, auf der Landkarte des anderen Menschen zu arbeiten. Gehirnbiologisch gesprochen heißt dies, sich möglichst zutreffend auf die emotionalen Muster des anderen Menschen einzustellen, um darauf abgestellt eine für den anderen Menschen emotional nachvollziehbare und umsetzbare Lösung zu induzieren.
- Die Lösung, die einem einfällt, darf dem anderen möglicherweise nicht präsentiert werden, weil man systemisch nicht in der adäquaten Position ist. Dies ist die wichtigste Aussage der obigen Geschichte.

Zum Begriff der Landkarte: Um anderen wirkungsvoll helfen zu können, haben wir Menschen die Aufgabe, die Landkarte des anderen zu entdecken, zu betrachten und ausschließlich in ihr zu arbeiten. Jeder Mensch hat eine völlig andere Landkarte, und es gibt keine zwei gleichen. Gefühle, Ängste, Stimmungen, Einstellungen, Werte, Normen, Gewohnheiten, Vorlieben, Abneigungen: Es gibt eine Fülle von Kriterien, mit denen man einen Menschen beschreiben kann, und die Ausprägung dieser individuellen Landkarte ist von Mensch zu Mensch völlig unterschiedlich. Will man nun mit einem Menschen arbeiten, so muss man dessen Topografie kennen lernen: Welche Straße führt zum Ziel und welche in die Sackgasse? In welchen Fällen kann man den direkten Weg nehmen, und in welchen anderen muss man einen Umweg vor einem riesigen Gebirge ohne Passstraße machen? Wann müssen Flüsse mit einem Floß überquert werden, und in welchen Fällen können sie durchschritten werden, weil sie weder besonders tief noch besonders reißend oder kalt sind? Wenn man selbst vielleicht gern mit einem Porsche Turbo über die Autobahn dahindonnert, liebt der andere Mensch möglicherweise das beschauliche Dahintuckern in einem Roadster über gebirgige Passstraßen. Eine Empfehlung, es doch einmal mit dem Porsche zu versuchen, wäre also kontraproduktiv.

Zum Begriff »systemische Position«: Jeder Mensch befindet sich immer in einer systemischen Position. Es beginnt in der Familie, in der man als Kind seine ersten Lebenserfahrungen macht. Was das dreijährige Kind noch nicht kann, kann der 13-jährige Jugendliche schon: sich klare Gedanken zu einem Thema machen, eine Entscheidung treffen, eine Position einnehmen und sie auch wirkungsvoll vertreten. Doch die Entscheidung trifft in einer Familie immer das Familienoberhaupt. In den meisten Familien ist dies der Vater, weil er finanziell die Existenz der Familie sichert und daher die Familie »als Unternehmen« führt. Die Pubertät als Phase der Reifung der Heranwachsenden und der beginnenden Ausprägung des sozialen Gewissens zeigt oft überdeutlich, welche Machtkämpfe in den Familien stattfinden. Junge Menschen wollen zu bestimmten Lebensbereichen eigene Entscheidungen treffen, ob es der Diskothekenbesuch oder die Stunde des Nachhausekommens ist oder ein anderes von vielen tausend Themen, und sie prallen mit ihren Entscheidungswünschen an den oft anders gelagerten Interessen und Einstellungen ihrer Eltern ab. Letztlich hat die Entscheidungsgewalt immer die Nr. 1 im System, das Alpha-Tier.

In der Familie ist dieses biologische Prinzip klar geregelt. Solange die Kinder finanziell von den Eltern abhängig sind, also zu Hause wohnen und »ihre Füße unterm Tisch der Eltern haben«, haben die Eltern mehr oder weniger das Sagen. Wieder zeigt ein Sprichwort oder die Umgangssprache, wie sich menschliche Erfahrungen, Gewohnheiten und Rituale in der Sprache niederschlagen. Erst dann, wenn die Kinder finan-

ziell »auf eigenen Beinen stehen«, haben sie ihre volle
Selbstverantwortung und Entscheidungskompetenz gewonnen.

Während das systemische Prinzip auf den ersten Blick ein-
leuchtet, stößt es auf den zweiten Blick doch sicherlich bei
manchen Menschen auf Widerspruch. Wenn der Medizinmann nun wirklich falsch behandelt und der Arzt tatsächlich
Recht mit seiner Meinung hat? Möglicherweise kann es fachlich sogar so sein; dennoch hat der Gast, der seit einigen Tagen
im Dorf zu Besuch ist, »systemisch« nicht das Recht und sich
auch noch nicht das Vertrauen erworben, den örtlichen Kom-
petenzträger anzuzweifeln. Dieser verteidigt mit seinem Nein
lediglich seine systemische Position und kann sich über die
Verbindung zum Häuptling auch durchsetzen, indem er erwirkt,
dass das Wissenschaftlerteam gehen muss.

In diesem Aspekt machen viele Menschen fatale Fehler: Sie
meinen das Gute und wollen einen gut gemeinten Rat geben,
nehmen sich aber aus einer systemisch falschen Position heraus ein Recht, das ihnen nicht zusteht. Häufig ist die
Quittung des Systems derart, dass die betroffene Person ein
klares Nein bekommt. Ein erstes Fazit aus diesen Überlegungen: Das System ist immer stärker als der Einzelne.

Ein Niederlassungsleiter einer Firma hat eine sehr gute
Idee, die er mit seinen Kollegen, die jeweils andere Nieder-
lassungen leiten, bespricht. Er erntet Zustimmung.

Einige Tage später trägt er diese Idee in der Geschäftslei-
tungssitzung vor. Erstaunlicherweise wird sie abgelehnt,
auch deshalb, weil ihm einer seiner Kollegen in den Rücken
fällt.

Er versteht die Welt nicht mehr und bespricht dies im
Coaching. Der Zugang zum Verstehen führt über das systemische Prinzip. Die Frage lautet: Welche systemische
Position nehmen die vier Niederlassungsleiter untereinander ein? Die Analyse führt zu dem Ergebnis, dass der vor-
tragende Niederlassungsleiter aus verschiedenen Gründen

heraus den letzten Platz einnimmt, während der Kollege, der ihm in den Rücken gefallen ist, auf dem ersten Platz zu sehen ist.

Natürlich kann man urteilen, dass das Verhalten des Alpha-Kollegen unfair war; denn in einer vorbereitenden Sitzung wurde er ja befragt und hat der Idee zugestimmt. Nur hilft eine solche Einschätzung nicht, den eigenen Erfolg zu stärken. Wir können uns hinterher über das unfaire Verhalten des Kollegen ärgern: Aber hilft eine solche Einstellung weiter? Nein. Ferner gab es zwei Misserfolgserlebnisse: Zum Ersten wurde die gute Idee nicht verwirklicht, zum Zweiten hat der Niederlassungsleiter erneut an Ansehen verloren, weil ihm die von ihm vorgetragene Idee abgelehnt worden ist.

Die Lösung liegt also darin, die systemischen Prinzipien zu erkennen und im eigenen Verhalten antizipierend zu berücksichtigen. Der Weg in diesem Fall wäre gewesen, den Alpha-Niederlassungsleiter zu bitten, ob er nicht die Idee vortragen möchte. Aus dessen Reaktion hätte man ableiten können, wie der weitere Prozess ablaufen könnte. Wenn er diesen Vorschlag angenommen hätte, wäre klar geworden, dass er genau dies wollte. Hätte er ihn abgelehnt, wurde er aber zuvor in seiner Alpha-Position bestätigt und hatte somit das Recht, die besonders leckeren Früchte des Baums an den rangniederen Kollegen weiterzugeben. Auch dieser Ablauf wäre systemisch stimmig gewesen.

Dieser kleine Fall belegt zudem, wie sich systemische Positionen festigen: Der Omega-Niederlassungsleiter auf dem letzten Platz verhält sich so, dass sein letzter Platz stabilisiert wird. Er macht Fehler, und die Kollegen und Vorgesetzten werden zu Recht in ihrem Urteil, ihn auf den letzten Platz gesetzt zu haben, bestätigt.

Ferner zeigt dieser Fall auf, dass Systeme eine inhärente Eigenschaft aufweisen, stabil zu bleiben. Ursächlich hierfür ist die Tatsache, dass wir Menschen überwiegend in

unserem Gewohnheitsverhalten bleiben. So schließt sich
dann der Kreis: Jeder Mensch verhält sich entsprechend
seinen typischen Mustern. Diese führen zu systemischen
Rangordnungen. Das Gewohnheitsverhalten von uns Menschen führt dazu, dass diese systemischen Ordnungen beibehalten und stabilisiert werden.

Diese gesetzesmäßige Darstellung führt auch gleich zum
Erkennen der Lösung: Will man also die systemische Rang-
ordnung verändern, braucht es ein Ausbrechen aus den
Gewohnheitsmustern.

Im vorliegenden Fall hatte sich jemand eine Position ausbe-
dungen, die ihm nicht zustand. Die erste Quittung des Systems war: erneuter Fehler, weiterer Verlust des Ansehens, Sta-
bilisierung der Omega-Position. Eine weitere Eskalierung kann
dann dazu führen, dass jemand das System verlassen muss. In
diesen Phasen kommt Krisenstimmung auf. Beziehungen
werden belastet (Ärger über den illoyalen und unfairen Kollegen). Das Beharren auf einer Position, die einem Menschen nicht
zusteht, kann somit zu einer dauerhaften Krise in beruflichen
oder familiären Beziehungen führen. Kennen Sie nicht auch
Fälle, in denen enge Familienmitglieder kein Wort mehr miteinander sprechen oder sich ständig streiten?

Zwei Brüder nehmen einen völlig unterschiedlichen Weg.
Der ältere von beiden hört nie auf den Rat der Eltern und
weiß es immer besser. So geht er früh von der Schule, lediglich mit der mittleren Reife, um seinen Weg in der Berufswelt zu finden. Erst später erkennt er, dass er das Abi-
tur nachholen will, um ein Studium aufzunehmen. Auch
in späteren Lebensphasen tut er sich schwer und hat wenig
Glück mit seinen Entscheidungen.

Sein jüngerer Bruder hingegen hat das Glück des Tüch-
tigen. Ihm gelingt alles wesentlich besser. Als er erwachsen
und beruflich sehr erfolgreich ist, versucht er seinem Bruder des Öfteren einen guten Rat zu geben: Mach es doch

mal so oder versuche es doch auf diese oder jene Art und Weise.

Die Beziehung zwischen den beiden Brüdern wird tendenziell immer schlechter. Es eskaliert in der Phase, in der beide Brüder zusammen auf einen Segeltörn gehen wollen. Der große Bruder ist der Skipper und bestimmt viele Dinge recht eigenmächtig, ohne seinen jüngeren Bruder vorher »ins Boot« geholt zu haben. Dieser wehrt sich. Böse E-Mails fliegen hin und her.

Wer hat hier Recht? Der in vielen Dingen kompetentere jüngere Bruder? Oder der ältere Bruder, der den Segelschein hat und seine Crew führt? Oder vielleicht beide? Und vor allem: Wie sieht eine Lösung aus? Ein rein kognitiv ausgerichtetes Gespräch nach der Art: »Wir sind doch Brüder. Lass uns doch das Kriegsbeil begraben und wieder vernünftig miteinander umgehen«? Oder ein »systemisch-kognitives Gespräch« wie »Ich anerkenne deine Position als älterer Bruder und mische mich nicht mehr ein«?

Die letzte Variante könnte vielleicht funktionieren, kann aber auch kontraproduktiv sein, weil man sich damit erneut in die Position des »Rechtgebenden« versetzen würde. Die einzig sichere Lösung besteht darin, durch konkludentes Verhalten die Position des anderen anzuerkennen. Worte allein reichen in den meisten Fällen dann nicht mehr aus. Wie kann dies in diesem Fall geschehen? Der geplante Segeltörn bietet hierfür die besten Chancen.

Aus mehreren Gründen ist der ältere Bruder auf dem Boot systemisch vorrangig. Erstens ist er der Skipper, zweitens ist er bezogen auf seinen Bruder der Ältere. Dies bietet dem jüngeren Bruder die Möglichkeit, ihn in seiner systemischen Funktion anzuerkennen. Der jüngere Bruder hat dies erkannt und hat jede Gelegenheit genutzt, seinem älteren Bruder durch Worte und Gesten zu zeigen, dass er alles richtig gemacht hat: die Auswahl des Schiffes (»ein schönes Boot!«), die Planung der Route (»Die Route klingt total spannend«) bis hin zu besonderen Ereignissen, die auf einer solchen Fahrt geschehen können, und insbesondere der abschließenden Würdigung (»Das war ein super Segeltörn! Es hat so viel Spaß gemacht! Danke!«)

Erst auf dieser Basis der völligen Akzeptanz der systemischen Position seines älteren Bruders bestehen Möglichkeiten, eigene Meinungen einzubringen und die Beziehung zum älteren Bruder neu zu gestalten.

Quod licet Iovi non licet bovi. Das systemische Prinzip ist ein uraltes Wissen der Menschheit, weil es ein biologisches Prinzip, ein soziales Naturgesetz, ist. Es findet in allen Zeitepochen seine Entsprechung. Die Römer haben dies durch ihren Satz »Was Jupiter darf, darf nicht jeder Ochse«, zum Ausdruck gebracht. In jeder Kultur gibt es Belege dafür, dass man dieses Prinzip sehr genau verstanden hat. Die heutige Zeit allerdings birgt, mal wieder, einige Gefahren, alte biologisch determinierte Prinzipien zu sehr außer Acht zu lassen; denn es gibt sehr viele Faktoren, die zu einer »systemischen Blindheit« führen können:

• Die Volljährigkeit in Deutschland wurde vor vielen Jahren von 21 auf 18 Jahre herabgesetzt. Also fühlt sich der junge erwachsene Mensch spätestens nun durch diesen rechtlichen Akt darin bestätigt, im Vollbesitz seiner geistigen Kräfte und Entscheidungsfreiheit zu sein, was ihm sein pubertierendes Gehirn spätestens mit Beginn des zwölften Lebensjahres schon immer vorgegaukelt hat.
• Der als gescheitert anzusehende Versuch der antiautoritären Erziehung nährte die falsche Hoffnung, dass es ohne Autoritäten geht.
• Die immer frühzeitiger institutionalisierte Form des Erwachsenwerdens (Führerschein mit 17)
• Die in den meisten Ländern der westlichen Welt lange dominierende Zeit des Friedens
• Die Zunahme des Wohlstands und das Stichwort »Erbengeneration«

- Die vor der geplatzten Blase der Investmentmärkte auftretende Erscheinung, dass 25-jährige Börsenhändler als frisch gebackene Millionäre mit dem Porsche in ihre Bank fuhren und aus den Marktlagengewinnen heraus ein Selbstbewusstsein entwickelten, das mit ihrer Persönlichkeitsreifung nicht übereinstimmte

Diese Liste können Sie aus Ihren eigenen Erfahrungen heraus beliebig verlängern. Der Mensch kann sich aber nicht gegen seine Natur auflehnen. Die Natur mit ihren Gestalt gebenden Prinzipien ist stärker und schlägt zurück, wenn man sich gegen sie auflehnt. Dieses systemische Prinzip des Stärkeren ist biologisch in unseren Gehirnprozessen eingebaut und setzt sich durch. Ob wir es kognitiv-logisch betrachtet im Kopf wollen oder nicht. Die vom Stammhirn und Zwischenhirn gestalteten Prozesse sind biochemisch stärker als die Abläufe im Großhirn.

Dies veranschaulicht nun ein Beispiel einer kleineren Beratungsgesellschaft, die dennoch ein schon komplex ausgebildetes System darstellt:

Dr. Müller, ein ehemaliger McKinsey-Berater, gründet mit einem Partner gemeinsam eine Strategie-Beratungsgesellschaft. Das neue Unternehmen ist sehr erfolgreich und wächst innerhalb weniger Jahre auf 80 Personen an. Dann gibt es eine grundsätzliche Meinungsverschiedenheit mit seinem Partner (Was meinen wir mit Strategie? Welchen Beratungsansatz wollen wir verfolgen?), die zu einer Aufteilung des Unternehmens führt.

Dr. Müller nimmt einige Berater und Mitarbeiter mit und gründet wiederum ein neues Unternehmen. Auch dieses ist sehr erfolgreich. Es gibt fünf Partner, von denen drei im höchsten Rang für das Unternehmen tätig sind und zwei, die über mathematisch genau definierte Prozesse in die höchste Rangstufe der Partnerschaft nach einem bestimmten Zeitplan hineinwachsen können.

45

Nach verschiedenen systemischen Kriterien ist Dr. Müller eindeutig in der Alpha-Position in diesem Unternehmen.

- Er hat das Unternehmen gegründet.
- Er ist der Älteste in diesem Unternehmen.
- Er erwirtschaftet den höchsten Beratungsumsatz, insbesondere aufgrund eines sehr bedeutenden Key-Accounts.
- Er kann aufgrund seiner außerordentlich großen Kreativität und rhetorischen Begabung jede Diskussion dominieren.

Einige Jahre später haben sich die Strukturen gewandelt. Seine beiden anderen ranghohen Partner erwirtschaften nun beide nahezu hälftig den Honorarumsatz, während sein Key-Account-Kunde weggefallen ist und er selbst akquisitorisch nur einen sehr geringen Teil zum Honorarumsatz der Firma beiträgt. Ferner ist einer der beiden weiteren Partner in einer starken Position, weil er durch ein besonders tief und klar ausgeprägtes analytisches Denken einen maßgeblichen Einfluss auf die internen Prozesse nimmt und diese dominieren kann. Der andere Seniorpartner wiederum bestimmt durch sein auf das schnelle und pragmatische Handeln ausgerichtete Verhalten einige Prozesse und kann sie dominieren.

Ein Soziogramm der Beziehungen unter diesen fünf Partnern belegt die neuen Strukturen. Dr. Müller ist nicht mehr in der eindeutigen Alpha-Position, sondern hat diesen Rang an den »Denker« in vielen Kompetenzbereichen abgetreten. Sogar der andere handlungsorientierte Partner dominiert in einzelnen Kriterien.[25]

Dies sind die tatsächlichen Machtverhältnisse, die durch

---

[25] Diese Begriffe fußen auf einem neuartigen Modell der Persönlichkeitstypologie: der Psychographie. Vergleiche hierzu: Dietmar Friedmann, Die drei Persönlichkeitstypen und ihre Lebensstrategien, Wissenschaftliche Buchgesellschaft, Darmstadt, 2000. Falls Sie interessiert sind, einen Persönlichkeitstest durchzuführen, finden Sie hierzu mehrere Testvarianten: www.team-coachings.de oder www.psychographie.de.

ein mathematisches Soziogramm belegt sind. Sie werden aber durch mehrere Einflussfaktoren konterkariert: Insbesondere schafft es Dr. Müller aufgrund seiner Kreativität und Rhetorik, alle Diskussionen zu dominieren, obwohl die beiden anderen Partner in manchen Punkten sachlich Recht haben. Dies ist systemisch betrachtet ein tiefes Zerwürfnis. Die in einer Klausurtagung angedachte Lösung wird im Kopf aller fünf Partner nachvollzogen: Aufgabe des alten sozialistischen Modells der Gleichbehandlung (im Einkommen, in der Entscheidungsfindung) und Hinwendung zu einem Kanzleimodell, dem Organisationsprinzip vieler Rechtsanwaltskanzleien. Doch in den Wochen nach dieser Entscheidungsklausur werden die notwendigen Schritte nicht vollzogen. Die erste Konsequenz: Der »handlungsorientierte« Seniorpartner geht und nimmt seine Kunden mit. Die zweite Konsequenz: Auch die »denkorientierte« Persönlichkeit verabschiedet sich in langsameren Schritten von dem Unternehmen. Zurück bleibt der Initiator der Unternehmensgründung, der seine Alpha-Position nicht mehr ausüben konnte und sein Verhalten in der Wirklichkeit nicht seiner systemisch angemessenen Position angepasst hat.

Der Weggang der zwei ranghöheren Systemmitglieder führt also wieder zum Ursprungssystem, in dem Dr. Müller den Rangplatz eins innehatte und nun auch wieder einnimmt. Allerdings ist das System geschwächt, weil zwei wichtige Umsatzträger das Unternehmen verlassen haben.

Eine andere Lösung hätte darin bestanden, die Systemmitglieder so zu behandeln, wie es ihrem Rangplatz entsprochen hätte. Dann hätte das System seine Stabilität beibehalten, und die frühere Nr. 1 hätte sich vermehrt seinen Spielen, Interessen und Hobbys widmen können.

Zusammengefasst lautet das Resümee aus dieser Fallstudie:

- Selbst eine außerordentlich hohe Intelligenz schützt nicht vor systemischer Blindheit. Die fünf Partner waren alle Absolventen der Studienstiftung des deutschen Volks. Auch hier zeigt sich der gehirnbiologisch eingebaute Konflikt zwischen der geringen Einflussnahme der Großhirnrinde und der Dominanz des limbischen Systems. Die systemischen Prinzipien führen bei Nichtbeachtung zu starken emotionalen Spannungen, die zu einer Auflösung tendieren.

• Die Entscheidungsfaktoren für die Konstitution einer systemischen Alpha-Position können äußerst vielschichtig sein. In jedem Unternehmen oder Unternehmensteil spielen unterschiedliche Faktoren eine Rolle.

Konstituierende Merkmale in der beschriebenen Fallstudie sind beispielsweise:

• Das Lebensalter (als Summe aus Erfahrungen)
• Die Fachkompetenz
• Der IQ
• Der EQ (emotionaler Quotient)
• Die Kommunikationskompetenz
• Die Kapitalbeteiligungsverhältnisse
• Die Erfolgsbeiträge in der Vergangenheit
• Die Erfolgsbeiträge in der Gegenwart
• Die hierarchisch definierten Machtverhältnisse in einem Unternehmen
• Die auf bestimmten Beziehungsmustern aufbauenden Machtverhältnisse in einem Unternehmen

Letztlich ist es diejenige Person, die den relativ gesehen größten Input einbringt, der das Überleben des Unternehmenssystems sichert: Dies konstituiert die Alpha-Position.

Bei den meisten Unternehmenssystemen ist dies eindeutig geordnet: Es gibt einen Vorsitzenden oder Sprecher der Geschäftsführung oder des Vorstands. Dieser führt gemeinsam mit seinen Kollegen das Unternehmen und wird vom Aufsichtsrat bestellt und kontrolliert. Die formal bestimmte Rangfolge sollte sich mit der tatsächlichen Machtposition decken.

Wenn das der Fall ist, ist das System stimmig. Wenn nicht, laufen viele Unternehmensprozesse suboptimal, und die systemischen Beziehungen, die nicht richtig geordnet sind, richten ihre Energien daraufhin, das System entweder richtig zu ordnen oder zu stören bis hin zur partiellen und in manchen Fällen sogar vollständigen Zerstörung.

Je weniger eindeutig die Situation in einem Unternehmen ist, umso genauer müssen die systemischen Bedingungen untersucht werden, um eine hinreichend klare Aussage zu erhalten.

Ein kleines Beispiel mag dies verdeutlichen:

- Ein Unternehmen wird durch einen Vorstandsvorsitzenden geführt. Er ist qua Hierarchie in der Position der Macht. Allerdings ist er weniger intelligent als ein weiteres Mitglied des Vorstands und vielleicht durch das Parteibuch in diese Position gekommen. Ferner hat er keinen besonders guten Draht zu seinem Aufsichtsratsvorsitzenden und macht auch einige taktische Fehler.
- Ein weiteres, jüngeres Vorstandsmitglied übertrifft ihn deutlich durch seine Intelligenz und auch seine Erfolge im Tagesgeschäft. Es verhält sich systemisch richtig und greift den Vorsitzenden nie in seiner Position an. Der Aufsichtsrat erfährt von dessen Kompetenz. Dieses Vorstandsmitglied erwirbt sich nach und nach die Sympathien mehrerer Aufsichtsratsmitglieder.

Wie sind in diesem Augenblick die wahren Machtverhältnisse? Ist der Vorsitzende noch in seiner Alpha-Position oder nicht?

- Der Vorsitzende trifft in einer für die Unternehmensentwicklung sehr wichtigen Sachlage eine vollkommen falsche Entscheidung, gegen den ausdrücklichen Rat seiner Kollegen. Der Aufsichtsrat muss sich später damit befassen und kommt zu der Entscheidung, ihn abzusetzen. Gleichzeitig wird das jüngere Vorstandsmitglied in die Position des Vorsitzenden gewählt.

Ein anderes Beispiel:

- Der Vorsitzende der Geschäftsführung eines Unternehmens ist ein sehr starkes Alpha-Tier. Er ist zirka 40 Jahre alt. Seine Branchenerfahrung ist nicht optimal ausgeprägt: Er war zunächst zwar in derselben Branche tätig, aber aus einem anderen Blickwinkel heraus.
- Sein Aufsichtsratsvorsitzender ist zirka 60 Jahre alt und verfügt über mindestens 20 Jahre mehr an einschlägiger Branchenerfahrung.
- Die systemische Betrachtung sieht nun wie folgt aus: Als Aufsichtsratsvorsitzender, vom Lebensalter her und von der einschlägigen Fachkompetenz her ist der Aufsichtsratsvorsitzende eindeutig in der Alpha-Position. Wenn er dies auch durch seine Persönlichkeitseigenschaften ausdrückt, dann tut der Vorsitzende der Geschäftsführung des Unternehmens gut daran, diese Position zu würdigen. Sein Verhaltensmodell sollte so aussehen, dass er eine intensive Beziehung zum Aufsichtsratsvorsitzenden pflegt, häufige und lange Gespräche führt, Projekte im frühen Stadium in die Abstimmung gibt, um die Meinung des Aufsichtsratsvorsitzenden hierzu einzuholen, und dass er Beschlüsse in der Aufsichtsratssitzung erst dann herbeiführt, wenn die Vorabstimmungen zu einem eindeutigen und klaren Ergebnis geführt haben.

Ein weiteres Beispiel:

- Ein Geschäftsbereichsleiter (G) und der Personalbereichsleiter (P) eines Unternehmens haben eine sehr enge und vertrauensvolle Beziehung. Der Geschäftsbereichsleiter holt sich oft den Rat des Personalbereichsleiters. Eines Tages jedoch kommt es zu einem Zerwürfnis: G wirft P vor, dass er sein Fähnchen in den Wind hängt und nicht konsequent und klar genug einen Standpunkt in einer bestimmten Sache vertreten hat. Nun sei G enttäuscht von P. Die Beziehung zwischen beiden Personen ist für längere Zeit im negativen Bereich. Es findet kaum ein Gespräch statt, und man geht sich aus dem Weg. Dann geht G wieder einen Schritt auf P zu und sagt:»Komm, Schwamm drüber, wir haben uns früher gut verstanden. Lass uns wieder so miteinander umgehen, wie es früher war.« Die Beziehung wird zwar besser, aber nicht wieder so gut wie früher.

Was fehlt hier? Was müsste noch getan werden?

- G hat P »angeklagt« und hat ihm in einer Situation bedeutet, dass er sein Verhalten nicht akzeptieren könne. Nun »verzeiht« er P und hofft, dass damit die Angelegenheit aus der Welt geschafft ist. Das reicht jedoch nicht.
- G muss P in der Form würdigen, dass er ihn mit seinem damaligen systemisch gezeigten Verhalten voll und ganz akzeptiert und dass er selbst die Zusammenhänge falsch eingeschätzt hat – also die »Schuld« in Teilen auf sich nehmen. Sonst wird P ihm gegenüber nicht wieder so nahe kommen wollen, wie es früher einmal war. Ob er es überhaupt tut, ist eine ganz andere Frage und hängt von seiner inneren Stärke ab.
- Der Weg lautet somit: G sagt zu P, dass er die Situation damals falsch eingeschätzt habe. Erst im Nachhinein sei ihm klar geworden, dass P damals gar nicht anders habe handeln können. Nun habe er es verstanden und möchte sich bei ihm dafür entschuldigen, dass er ihm damals Unrecht getan habe.
- Nur in dieser Form wird P von G gewürdigt. G bringt zum Ausdruck: Jetzt habe ich deine Landkarte verstanden und weiß, dass du damals mit dem Fahrrad um einige gefährliche Ecken herumfahren musstest, um heil aus der Situation herauszukommen.

Abschließend zum Kapitel über die systemischen Zusammenhänge sei ausgeführt, dass die Gesetze der Natur stärker sind als die Möglichkeiten der einzelnen Person. Jeder Mensch ist also gut beraten, die systemischen Prinzipien genau zu beachten. Das System ist stärker und kann nicht umgangen werden. Wenn eine Lösung versucht wird, muss sie mit den Gesetzen des Systems übereinstimmen, sonst wird sie auf die Dauer nicht funktionieren. Vielleicht wird sie kurzfristig umsetzbar sein; wenn sie aber dem System widerspricht, werden sich neue Kräfte formen, welche zu dem Ergebnis führen werden, dass die versuchte Lösung konterkariert wird oder andere Mechanismen stattfinden werden, die zu einem anderen neuen Gleichgewicht führen.

4.

»Systemogramm«

Jeder Führungskraft ist das Organigramm des Unternehmens bestens vertraut. Hierin sind die Zuständigkeiten im Unternehmen geregelt, und zwar sowohl fachlich-funktional als auch hierarchisch. Der hierarchische Teil des Organigramms gibt einen ersten Überblick über die Machtverhältnisse im Unternehmen: Die erste Führungsebene (Vorstand, Geschäftsführung) hat dabei Vorrang vor der zweiten Führungsebene (je nach Bezeichnung Bereichsleitung, Hauptabteilungsleitung oder Ressortleitung) und diese wiederum vor der nächsten Führungsebene. Aber selbst diese grobe Sicht stimmt nicht mit den realen Machtverhältnissen überein. So kann es durchaus sein, dass ein Mitglied einer rangniederen Führungsebene tatsächlich über mehr Systemmacht verfügt als ein ranghöheres Systemmitglied.

• Bei einem öffentlich-rechtlichen Unternehmen werden die Geschäftsführungspositionen über das Parteibuch besetzt, was in der Konsequenz bedeutet, dass das Prinzip der Leistungsfähigkeit eher weniger bis gar nicht beachtet wird. Es gibt fünf Geschäftsführer, die jeweils sehr unterschiedlich stark ausgeprägte Kompetenzen aufweisen. Der Vorsitzende der Geschäftsführung ist aus verschiedenen Gründen tatsächlich in der Alpha-Position. Die Plätze zwei und drei im Gesamtsystem sind von zwei weiteren Geschäftsführern besetzt.

Dann allerdings folgen andere Personen, die entweder auf der zweiten Ebene des Unternehmens arbeiten (Leiter Controlling, Leiter Recht) oder als besonders große Ausnahme sogar als Sekretärin für einen der Geschäftsführer tätig sind. Diejenigen Führungskräfte, denen diese Zusammenhänge klar geworden sind, verhalten sich entsprechend. Statt einer Information an diesen durch die Sekretärin »vertretenen« Geschäftsführer sprechen sie mit der Sekretärin selbst und beziehen diese in die Abstimmungsprozesse mit ein.

Die tatsächlich bestehenden systemischen Machtverhältnisse zeigt das »Systemogramm«[26]:

Funktionsträger	Platz
Vorsitzender der Geschäftsführung	1
Zweiter Geschäftsführer	2
Dritter Geschäftsführer	3
Sekretärin des vierten Geschäftsführers	4
Leiter Controlling	5
Leiter Recht	6
Vierter Geschäftsführer	7
Leiter Personal	8
Leiter Vertrieb	9
Fünfter Geschäftsführer	10

Diese tatsächliche Machtverteilung könnte man auch so darstellen, dass im Organigramm der Firma zu jeder einzelnen Person die systemische Rangziffer dazugeschrieben wird.

---

[26] Dieser Begriff wurde in Anlehnung an die bekannten Begriffe Organigramm oder Soziogramm geprägt und beschreibt die Rangreihe der systemischen Macht in einem System.

Warum treten solche Phänomene auf, dass sogar eine Sekretärin der Geschäftsführung eine so starke Rangposition einnehmen kann? Im obigen Beispiel lagen folgende Voraussetzungen vor, dass ein solcher Fall eintreten konnte:

• Die Sekretärin war sehr intelligent, klug und gewissenhaft in der Verfolgung ihrer Arbeit. Sie las alle Entscheidungsvorlagen mit einem klaren und wachen Verstand und hatte zudem ein starkes Selbstvertrauen. Ferner agierte sie aus ihrer Persönlichkeitsstärke heraus schon immer mit viel Kraft und Überzeugungsvermögen.

• Der Geschäftsführer hingegen war nicht sehr intelligent und wurde durch eine Parteientscheidung in diese Position befördert. Außerdem war er jemand, den man gut führen konnte, der eher wenig eigenen Antrieb hatte und mit viel Gleichmut und Unbedarftheit seinen geschäftlichen Aufgabenstellungen nachging.

• Die Sekretärin »coachte« also ihren Geschäftsführer, und der ließ dies auch gern geschehen. Dieses interne System zwischen diesen beiden Menschen war also stimmig: der passende Deckel auf den Topf!

Übung: Bitte halten Sie an dieser Stelle kurz inne und besinnen Sie sich auf Ihr eigenes System: Können Sie auf einem Blatt Papier notieren, wie die tatsächlichen Kräfteverhältnisse sind? Und ferner, für Ihren eigenen Erfolg äußerst wichtig: Beachten Sie diese in Ihren Abstimmungs- und Entscheidungsprozessen? Wo stehen Sie in Ihrem System? Auf welchem Rangplatz befinden Sie sich?

Nun lassen sich in der Realität zum Teil noch viel extremere Ausprägungen beobachten, die die in einem Organigramm abgebildeten hierarchischen Kräfteverhältnisse erheblich zu differenzieren vermögen. Der Leser möge dies bitte anhand seiner beruflichen Erfahrungen selbst nachvollziehen. Vielleicht finden Sie noch extremere Varianten als im Folgenden kurz dargestellt? Dann schicken Sie dem Autor bitte eine E-Mail.[27]

1. In einem Dreiervorstand gibt es keinen Sprecher oder Vorsitzenden. Alle Personen sind laut Satzung des Vorstands gleichberechtigt. Ein Vorstandsmitglied jedoch erkämpft sich die Alpha-Position, indem er sich immer besser auf die Entscheidungen vorbereitet als seine Kollegen. Nun gibt es noch eine interessante Besonderheit. Von seinen Neigungen her interessiert er sich weniger für das Marketing. Dies ist allerdings die Kompetenz seiner Ehefrau, die nicht berufstätig ist und in der Branche des Unternehmens auch keine Erfahrungen gesammelt hat. So nimmt er die Geschäftsvorfälle mit nach Hause und lässt seine Frau aus Lehrbüchern heraus Marketingkonzepte entwickeln, die er aufgrund seiner Alpha-Position im Unternehmen durchdrückt gegen die fachlich bessere Meinung des Marketingleiters, der aber über viel zu wenig Durchsetzungsvermögen verfügt.

2. Ein Vorstandsvorsitzender führt eine börsennotierte Aktiengesellschaft. Er hat zwei weitere Kollegen in seinem Gremium. In der zweiten Führungsebene befinden sich einige starke Persönlichkeiten. Der Lagerleiter des Unternehmens ist in der dritten Führungsebene angesiedelt, aber ein sehr guter persönlicher Freund des Vorstandsvorsitzenden. Die maßgeblichen Entscheidungen im Unternehmen werden am Wochenende im Kreis aus drei Personen getroffen: dem Vorstandsvorsitzenden, seiner nicht berufstätigen Ehefrau und diesem persönlichen Freund. Im Unternehmen »spürt« man diese systemische Struktur, weil bekannt wird, dass

---

[27] An die Adresse *breuer@team-coachings.de*. Die von Ihnen erhaltenen Informationen werde ich absolut vertraulich behandeln. Unter Umständen entwickelt sich zwischen uns ein Dialog hierzu, wenn Sie dies wünschen. Bitte teilen Sie mir Ihre Erwartungen mit: Wünschen Sie, dass ich Ihnen antworte oder nicht?

diese drei am Wochenende oft zusammensitzen und sehr häufig am Montag Entscheidungen verkündet werden, die in der Woche zuvor noch mit anderem Tenor diskutiert worden sind. Dahinter werden zu Recht die ungewöhnliche Denke des Lagerleiters und die äußerst forsche Art der Ehefrau vermutet.

3. Zwischen dem Vorstandsvorsitzenden eines Unternehmens und seinem Fahrer besteht eine langjährige vertrauensvolle Beziehung. Während der vielen Dienstfahrten werden wichtige geschäftspolitische Themen besprochen. Der Vorstandsvorsitzende ist eine Person, die gern zum »Sprech-Denken« greift, um sich Dinge völlig klarzumachen. Der Fahrer ist ein kluger und mit guten sozialen Werten ausgestatteter bodenständiger Mensch, der gut zuhören kann, eher zurückhaltend ist, ins Unternehmen hinein sehr gut vernetzt ist und viele langjährige Beziehungen hat. Und er verfügt über eine weitere, sehr wertvolle Eigenschaft: Er kann schweigen. Was er vom Vorstandsvorsitzenden gehört hat, erfährt kein anderer Mensch, nicht einmal seine Ehefrau. Die wichtigsten Personalentscheidungen werden in diesem Unternehmen nicht vom Arbeitsdirektor getroffen, sondern faktisch vom Fahrer des Vorstandsvorsitzenden. Die bisweilen am Unternehmensklima vorbeigehenden Entscheidungsvorlagen des Arbeitsdirektors werden auf diese Art und Weise »sanft« und fast unmerklich in die richtige Richtung transformiert.

Was ist das Fazit aus diesen Fallbeispielen?

- Die systemischen Kräfteverhältnisse setzen sich durch und bestimmen die Systementscheidungen.
- Dies kann je nach Situation positive oder auch negative Auswirkungen auf das System haben. Das wiederum ist abhängig vom Zusammenspiel aus Emotionen, Werten und Fachkompetenzen.

Die Systementscheidungen lassen sich an folgendem Schaubild veranschaulichen:

Fachkompetenz

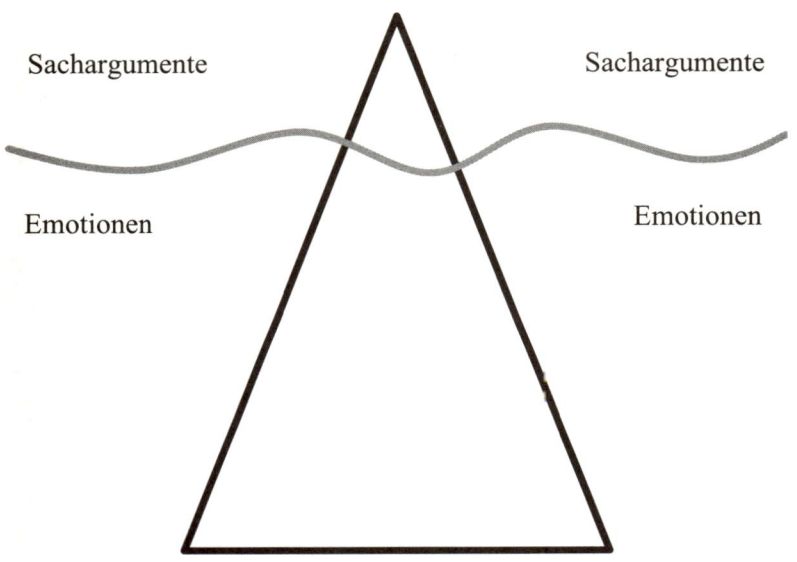

Sachargumente   Sachargumente

Emotionen   Emotionen

Wertebasis

Vielen von Ihnen wird dieses Bild als Eisbergmodell bekannt sein: Oberhalb der Wasseroberfläche trägt man aus der Fachkompetenz abgeleitete Sachargumente aus, während wie bei einem Eisberg der größere Teil des Geschehens unter dem Wasserspiegel stattfindet: das Gebiet der Emotionen und die Basis des Systems in Form von Werten, die die Unternehmenskultur ausmachen und sehr stark vom Alpha-Tier geprägt werden.

Der Lösungsweg für jeden einzelnen Menschen lautet also:

• Erforsche die Werte des Systems.
• Schaue und höre, was das Alpha-Tier oder insgesamt die ranghöchsten Systemspieler tun (und sagen). Das Tun ist aber bekanntlich wichtiger als das Sagen.
• Versuche zu deiner Bezugsperson im System eine große Nähe herzustellen: Loyalität, Integrität als wichtigste Werte.
• Erforsche deine eigenen und fremde Emotionen und erkläre daraus das beobachtete Verhalten der anderen. Reflektiere deine eigenen Emotionen und prüfe, ob sie dem Sachthema im Wege stehen.
• Entwickle unter Beachtung der folgenden Formel ein Lösungskonzept für aktuell anstehende Aufgaben und Probleme und insgesamt längerfristig. Das wichtigste Element ist die Wertebasis des Systems, vertreten durch das Alpha-Tier. Dann folgt der systemische Rangplatz als Maßstab für den Grad der Einflussnahme, eingebettet in das soziale Beziehungsnetz im Unternehmen. Die Art und Weise, wie man seine Funktion ausübt, ist insbesondere eine Folge der Sozialkompetenz, die einen Menschen auszeichnet. Die Sozialkompetenz ist der entscheidende Erfolgsfaktor. So kann ein Mensch sogar auf einem relativ schwachen hierarchischen Rangplatz angesiedelt sein (Sekretärin, Fahrer des Vorstands), durch seine enorm hohe Sozialkompetenz aber einen erheblich höheren Einfluss auf das Geschehen im Unternehmen ausüben als ein hierarchisch wesentlich höher gestellter Mitarbeiter. Ein Teil der Sozialkompetenz besteht unter anderem darin, wie man mit den menschlichen Emotionen umgehen kann. Ein positiver Einfluss geht von positiven Emotionen aus: Begeisterungsfähigkeit, Charisma, der kraftvoll kommunizierte Glaube an den Erfolg etc. Negativ aufgeladene Emotionen (Wut, Neid, Angst, Missgunst, Selbstherrlichkeit etc.) sind Störer und beeinträchtigen den Erfolg oder unterbinden ihn sogar völlig. Sie sind daher mit einem Minuszeichen versehen. Zum Schluss ist

noch die Fachkompetenz zu nennen, auch wenn sie im Vergleich zur Sozialkompetenz nicht so wichtig ist.

Wertebasis
+ systemischer Rangplatz
+ Beziehungsnetz
+ Sozialkompetenz
+ positive Emotionen
− negative Emotionen
+ Fachkompetenz
= **Erfolg**

5.

Das System ist nicht statisch,
sondern dynamisch

Änderungen durch wichtige Neuzugänge im System

Kein System ist statisch, sondern dynamisch, auch wenn es
einen Hang besitzt, phasenweise immer wieder in einer stabi-
len Position zu verharren. Die Dynamik des Systems zeigt sich
darin, dass es lebendig und flexibel auf die unterschiedlichen
Einflussfaktoren reagiert, die im System selbst durch das Agieren der Mitglieder vorherrschen und von außen auf das System eindringen. Für die Systemmitglieder ist es wichtig, sich
auf die dynamischen Prozesse einzurichten. Es gibt Phasen, in
denen wenig geschieht, dann aber andere, in denen zum Beispiel allein durch Neuzugang eines wichtigen Systemmitglieds
möglicherweise große Veränderungen eintreten können. Ein
System bleibt also so lange stabil, wie sich keine verändernden
Faktoren ergeben, die eine Anpassung des Systems erforderlich machen.

Gerade bei Neuzugängen zum System muss zwischen dem
potenziellen und tatsächlichen Rang im System unterschieden
werden. Der potenzielle und tatsächliche Rang sind identisch,
wenn alle systemischen Anpassungen vollzogen wurden und
das System einen partiellen Gleichgewichtszustand erreicht
hat; ein endgültiger Gleichgewichtszustand wird sich nicht

erreichen lassen, da Systeme dynamisch sind. Der potenzielle Rang beschreibt die Möglichkeiten und die virtuelle Position, die eine Person in einem System idealtypisch einnehmen kann; der tatsächliche Rang beschreibt die tatsächliche Ausprägung.

Ein wichtiger Faktor ist die Zeitkomponente und hier insbesondere die Zugehörigkeit zu einem System. Tritt also ein Mensch neu in ein System ein, so wird er vom System beobachtet. Die Mitglieder des Systems führen folgende Überprüfung durch: Welche potenzielle Rangstelle wird der Neuzugang einnehmen, und wie korrespondiert sein tatsächliches Verhalten mit dieser? Das System ist immer stärker als der Einzelne; also erwartet man vom Neuzugang auch, dass er sich positiv auf das vorhandene System einstimmt, es würdigt und die dort vorliegenden wichtigen Rahmenbedingungen akzeptiert. Erfolgt dieser Anpassungsprozess nach Meinung der Systemmitglieder in der richtigen Qualität und ihm richtigen Tempo, so wird das System den Neuzugang aufnehmen und ihn seinen Rangplatz einnehmen lassen. Je nachdem, wie stark die Abweichungen vom optimalen Integrationsprozess sind, können sehr unterschiedliche Differenzierungen eintreten. Im Extremfall kann auch die Trennung herbeigeführt werden. Mit anderen Worten: Am Anfang des Prozesses hat das System die vollständige Macht auf seiner Seite, während der Neuzugang sich nur anpassen kann. Im Laufe des Anpassungsprozesses erhält das neue Systemmitglied seine relative Machtposition vom System zugewiesen.

Nach diesen abstrakten Ausführungen soll eine Grafik (siehe Seite 63) das Prinzip und einen konkreten Fall veranschaulichen. Ein Unternehmen bestellt eine Führungskraft für die erste Führungsebene unterhalb der Geschäftsführung. Hier lassen sich verschiedene Entwicklungen beobachten. Der von beiden Parteien, der einstellenden Seite (Geschäftsführer, Personalchef etc.) und dem Neuzugang gewollte Fall besteht darin, dass sich die neue Führungskraft in das Unternehmen integriert und in der ersten Führungsebene ankommt; das heißt, dass sie

von den Geschäftsführern, den Kollegen auf der ersten Führungsebene, von ihren Mitarbeitern und den weiteren Bezugs-
personen im Unternehmen akzeptiert wird. Im grünen Fall eins
(siehe folgende Grafik) gelingt dieser Prozess: Die Führungskraft kommt in der ersten Ebene an und nimmt dort innerhalb
den Kollegen auf dieser Ebene eine bestimmte Position ein.

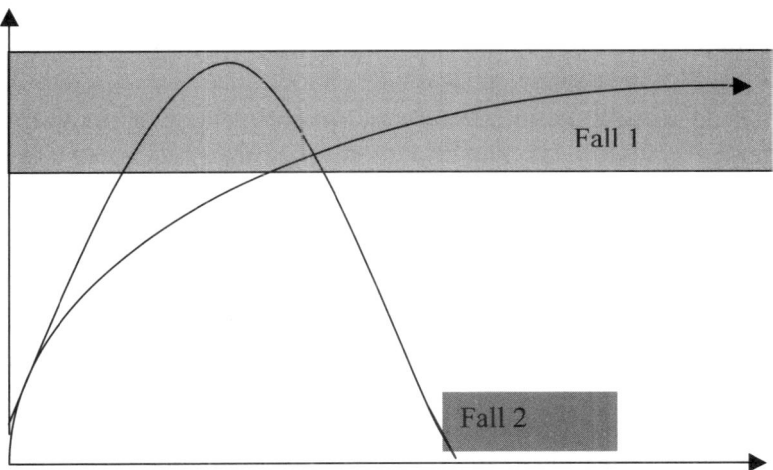

Nun lassen sich in der Realität aber auch andere Entwicklungen beobachten. Der negativste Fall zwei besteht darin,
dass die Integration in das System nicht gelingt oder vom
Neuzugang möglicherweise auch nicht gewollt ist. Der neue
Positionsinhaber scheidet in der Probezeit wieder aus. Hier
können ganz unterschiedliche Faktoren eine Rolle spielen:

• Einige Systemmitglieder sind mit dieser Entwicklung nicht
zufrieden, schließen eine Koalition und »mobben« den Neuzugang erfolgreich, weil sie um ihre eigene Position fürchten oder aus ihrer bequemen Komfortposition herausgeholt
werden. Ein Beispiel unter Hunderten: Es wird ein neuer
Controller bestellt, der von der Geschäftsführung den Auftrag erhalten hat, im Unternehmen aufzuräumen, heilige

Kühe zu schlachten, Transparenz herbeizuführen, die »cost-income-ratio« drastisch zu reduzieren und Vorschläge für den Personalabbau zu unterbreiten. Im Vorfeld wurde dem Neuzugang deutlich gemacht, dass er die nötige Rückendeckung und Kompetenzen eingeräumt bekommt. Nimmt man ganz extrem an, dass sich der neue Positionsinhaber völlig korrekt in seiner systemischen Anpassung verhalten hat, so sind dennoch zahlreiche Fallkonstellationen denkbar, in denen das Mobbing »gelingt«: Die Rückendeckung wird in Teilen verweigert, die Absichten der Geschäftsführung decken sich nicht mit dem tatsächlichen Verhalten, die Koalition der Gegner ist ausgesprochen stark, etc.

- Der neue Positionsinhaber macht so schwer wiegende Fehler, dass zu Recht der Ausschluss herbeigeführt wird.
- In der Realität ergibt sich meistens eine Mischung aus diesen beiden ersten Unterpunkten: Der Neuzugang macht Fehler, die anderen Führungskräfte reagieren darauf negativ, und es entwickelt sich eine negative Eskalationsspirale, die schließlich zum Ausschluss führt.
- Der neue Positionsinhaber erkennt, dass er in diesem Unternehmen nicht arbeiten möchte, und ist so autonom, dass er von sich aus die Entscheidung der Trennung herbeiführt.[28]

---

[28] Neben Fall eins und Fall zwei gibt es auch andere Ergebnisse der Anpassungsvorgänge: Der Neuzugang bleibt zwar im Unternehmen oder Konzern, wird aber auf eine andere Position gesetzt (in die zweite Ebene, in eine Tochtergesellschaft versetzt, in eine ganz andere Verantwortung gebracht). Dies sei abschließend nur der Vollständigkeit halber erwähnt.

Verschiedene Fallstudien zur Dynamik des Systems[29]

Nach diesen theoretischen Erklärungen folgen nun 16 Fallbeschreibungen, die sich alle in der Realität ereignet haben und dieses Prinzip veranschaulichen, aber jeweils ganz unterschiedliche Aspekte herausarbeiten. Es sind Fälle, die das ganze Spektrum vom Gelingen bis zum Scheitern abbilden und wichtige Lernerfahrungen transportieren. Im Anschluss an die Fallstudien werden das Gestalt gebende Prinzip herausgearbeitet und der Lerntransfer zusammengefasst.

Fall Nr. I

Scheitern auf hohem Niveau durch zu viel Klarheit und zu viel Tempo trotz Rückendeckung beim Vorgesetzten.

*Der sympathische und sehr intelligente Experte
als Inhouse-Consultant*

Der Sprecher der Geschäftsführung einer Konzerntochter stellt im Einvernehmen mit seinem Aufsichtsratsvorsitzenden, der ihn selbst in diese Position geholt hat, eine Person ein, die er seit vielen Jahren kennt und deren Fach-

---

[29] An dieser Stelle sei darauf hingewiesen, dass sich alle praktischen Beispiele in diesem Buch tatsächlich auch in der Realität ereignet haben. Um den Vertrauensschutz zu gewährleisten, wurden einige Bedingungen der Fallstudie so stark verändert, dass kein Rückschluss auf das Unternehmen oder handelnde Personen von außen her möglich ist. Das Wesensprinzip allerdings wurde in der Darstellung erhalten. Der direkt Betroffene wird sich allerdings möglicherweise wieder erkennen; denn viele Geschichten sind so einzigartig verlaufen, dass eine größere Veränderung nicht möglich war, ohne das Wesensprinzip zu verletzen. Ich bitte die Betroffenen um Verständnis hierfür. Eine drastischere Änderung des Fallbeispiels hätte es nicht mehr möglich gemacht, die Geschichte sinnvoll erzählen zu können.

kompetenz in der Sache und deren Persönlichkeit er in hohem Maße schätzt. Dieser soll als Experte in der Sache gemeinsam mit den Führungskräften die Prozesse im Haus analysieren, Schwachstellen aufzeigen, alles neu ordnen und die Veränderungsnotwendigkeiten möglichst schnell herbeiführen. Der Sprecher der Geschäftsführung ist eine starke, sehr selbstbewusst auftretende, offen und direkt kommunizierende Persönlichkeit und hat selbst weit reichende Kompetenzen und Gestaltungsmöglichkeiten seitens des Aufsichtsratsvorsitzenden eingeräumt bekommen, der noch Mitglied des Konzernvorstands ist, allerdings bereits angezählt wurde.

Die potenzielle systemische Position des Inhouse-Consultants ist die Nr. 2. Er ist zwar nur als Berater mit Zeitvertrag eingestellt worden, genießt aber so viel Rückendeckung und hat so viele Kompetenzen seitens des Sprechers der Geschäftsführung eingeräumt bekommen, dass er faktisch diese Position ausüben kann, obwohl er nicht einmal Mitglied der Geschäftsführung ist. Eine solche Position wurde ihm im Erfolgsfalle seiner Tätigkeit in Aussicht gestellt.

Im Vertrauen auf diese Rückendeckung macht sich der Berater an die Arbeit. Er ist ein Mensch, den eine klare sachlich-analytische Intelligenz auszeichnet und ein ebenso stark ausgeprägtes sympathisches Wesen. Sein eigenes Tempo im Vorgehen ist eher geringer ausgeprägt, aber seine Loyalität zu seinem Vorgesetzten ist so groß, dass er dessen Erwartung an ein hohes Umsetzungstempo aufnimmt.

Schon in kürzester Zeit werden auch größere sachliche und personelle Entscheidungen von ihm vorbereitet und dann ohne große Änderungen entschieden und umgesetzt. In mehreren Fällen ist zu beobachten, dass der Berater einfühlsam auf die Bedürfnisse der Führungskräfte eingeht und es ihm gelingt, sie mit guten Argumenten ins Boot zu holen. Trotz der hohen Veränderungsgeschwindigkeit gewinnt er bei einigen Kollegen eine hohe Akzeptanz.

Aber es passieren kleinere und größere Fehler. So führt der Sprecher der Geschäftsführung mehrere strategische Geschäftsführungsmeetings durch, bei denen der Berater nicht dabei ist. Während dies grundsätzlich noch zu heilen wäre, passiert in einem anderen Thema aber der GAU. Als »Bote« wird der Berater zu einem Konzernvorstand geschickt, um ihn von einer radikalen Maßnahme zu überzeugen. Der weigert sich aber.

Eine Woche später bittet der Sprecher der Geschäftsführung seinen Inhouseberater zu einem Abendessen und eröffnet ihm, dass er sich von ihm trennen müsse. Die wörtliche Begründung: »Du bist verbrannt.«

Welche systemischen Fehler können aus dieser Fallstudie herausgearbeitet werden? Der Sprecher der Geschäftsführung hat seine relative Stärkeposition offensichtlich falsch eingeschätzt. Der Kampf mit dem Konzernvorstand, der seit vielen Jahren im Konzern tätig ist und schon weiß, wie er sich verteidigen kann, konnte in der Art und Weise des Vorgehens (Tempo, Pistole auf die Brust gesetzt) nicht gelingen. Der Berater war zu vertrauensselig, hat das falsche Tempo seines Vorgesetzten übernommen, war zu wenig selbstreflexiv und hat die Rückendeckung seines Vorgesetzten falsch eingeschätzt: Sie wurde ihm in der ersten Krise bereits völlig entzogen.

Das Fazit: In der Sache alles richtig. Der Mensch: ein exzellenter Fachmann und eine sympathische Persönlichkeit. Die Fehler: die systemischen Kräfte falsch eingeschätzt und ein zu hohes Tempo gewählt.

Fall Nr. 2

Scheitern durch Selbstüberschätzung und mangelnde Loyalität.

Der vierte Dan in Taekwondo

Ein Leiter Vertrieb einer Aktiengesellschaft wurde hausintern in den Vorstand gerufen. Kurze Zeit später ging sein Mentor, der Vorstandsvorsitzende, zu einem anderen Unternehmen. Die Position des Vorsitzenden blieb längere Zeit vakant. In dieser Zeit hatte das neue Vorstandsmitglied die relative Alpha-Position, weil er aufgrund seiner Persönlichkeit und Arbeitsweise die beiden Vorstandsmitglieder beherrschte: Er war äußerst schnell, dynamisch, dominant und betrieb seit vielen Jahren das Hobby, einen asiatischen Kampfsport zu betreiben, in dem er es zu großer Meisterschaft gebracht hatte.

Nach einiger Zeit kam ein neuer Vorsitzender, der die Führung in dem Gremium übernahm. Der bisherige informelle Alpha-Vorstand beharrte aber auf bestimmten Positionen und meinte, durch seinen Informationsvorsprung in dem Unternehmen seine Macht- und Herrscherspiele zulasten des neuen Vorsitzenden weiterspielen zu können. Hierbei verstrickte er sich aber in ein Geflecht von Lügen, das schließlich aufgedeckt werden konnte. Er wurde zur Rede gestellt und dadurch bloßgestellt. Im Einvernehmen mit dem Aufsichtsrat wurde er entlassen.

Das Fazit: Ihm fehlte Loyalität, und er überschätzte seine Kräfte.

Fall Nr. 3

Scheitern durch mangelnden Mut.

Der vorsichtige Marketingleiter

Mit reichlich Vorschusslorbeeren bedacht, wurde über persönliche Kontakte ein Leiter Marketing auf die erste Führungsebene unterhalb der Geschäftsführung eingestellt. Ihm ging ein guter Ruf voraus. Er hatte zuvor allerdings wenig Führungsverantwortung ausgeübt.

Der erste Eindruck war durchaus positiv. Hochkommunikativ brachte er sich in das Unternehmen ein und übernahm die Verantwortung für die Weiterentwicklung in seinem Team. In harmonischen Situationen kam er durchaus positiv und begeisterungsfähig herüber.

Erste Zweifel zeigten sich, als er in leicht kritische Situationen geriet oder in welche, die überhaupt nicht kritisch waren, aber in seiner Wahrnehmung möglicherweise als kritisch betrachtet werden konnten. Er bekam die Chance für ein Coaching geboten, wie viele andere Führungskräfte in dem Unternehmen auch. Anders als viele seiner Kollegen reagierte er aber darauf sehr misstrauisch, öffnete sich überhaupt nicht und nahm auch weiterhin am Coaching nicht teil.

In den weiteren Unternehmensprozessen zeigte sich dann bald, dass er nicht die Kraft, den Mut und die Durchsetzungskraft besaß, auch eine härtere Gangart zu gehen. Er stellte sich immer weiter ins Abseits, bis die Geschäftsführung schließlich, trotz zahlreicher Hilfestellungen, einsehen musste, dass er die Verantwortung nicht ausüben konnte.

Das Fazit: ein kompetenter, freundlicher Mensch, der aber alles in allem zu vorsichtig agierte und zu wenig Mut und Rückgrat besaß.

Fall Nr. 4

Scheitern durch mangelnde Anpassungsfähigkeit und mangelnde Empathie.

Der Controller-Wirbelwind

Genau umgekehrt zum Fall drei verlief dieser Fall. Ein Wirbelwind an Controller, zuvor in einem großen Unternehmen mit viel Freiheitsgraden ausgestattet und dort über alle Maßen erfolgreich, überzeugte den Vorstand aufgrund seiner hohen Dynamik und seiner hohen kreativen Intelligenz. Mit viel Schwung und Tatkraft brachte er sich in die Prozesse ein, übersah aber völlig und hatte leider auch nicht die Empathie dafür, dass er seine Kollegen überrollte, die sein Tempo und seine Konzepte in dieser Form noch nicht gewohnt waren, sondern daran erst einmal behutsam hätten herangeführt werden sollen.

Nach wenigen Wochen machte er allen Menschen in seinem Umfeld, die an diesem Entscheidungsprozess, ihn in diese Position zu bringen, beteiligt waren, heftige Vorwürfe und entschied für sich, dass er in einem solch behäbigen und starren Umfeld nicht arbeiten wollte. Er vereinbarte noch in der Probezeit die Auflösung seines Arbeitsvertrags.

Das Fazit: Er war nicht willens und auch nicht in der Lage, sich auf die vorhandene Unternehmenskultur einzustellen.

Fall Nr. 5

Scheitern durch Anmaßung, Selbstgefälligkeit und Über-
heblichkeit – und fast durch Feigheit.

Der Hollywood-Schauspieler

Jung, ein intelligenter, erfolgreicher und attraktiver Mann,
der einem bekannten Hollywood-Schauspieler zum Ver-
wechseln ähnlich sieht, viele Jahre bei einer bedeutenden
Beratungsgesellschaft in äußerst verantwortungsvoller Position tätig, mit einem hervorragenden Track-Record ausgestattet. Er kam als Bereichsleiter Logistik in ein Indus-
trieunternehmen.

Dort entwickelte er schnell ein Gefühl dafür, was in diesem Unternehmen nicht stimmig war. Der außen stehen-
de objektive Beobachter würde ihm in allen Punkten zu-
stimmen. Es war eine gewisse Laxheit bei manchen Führungskräften festzumachen, die sich gewisse Freiheiten he-
rausnahmen, die in anderen Unternehmen durchaus nicht
üblich waren. Gleichwohl wurde dieses Verhalten geduldet
und vom Vorsitzenden der Geschäftsführung nicht negativ
sanktioniert. Das Motto zu diesen kleineren Verhaltensauf-
fälligkeiten hieß: freundlich geduldet, solange die große Linie und die Leistung stimmten. Ein Prinzip, das ja durchaus Freunde gewinnen kann.

Nun machte sich Mister Hollywood aber daran, diese
Dinge sogar öffentlich zu kritisieren, obwohl es überhaupt
nicht in seiner Zuständigkeit oder Verantwortung lag. Damit trat er zwei wichtigen Personen in der zweiten Führungsebene, zu denen er noch keine Beziehung aufgebaut hatte,
sehr deutlich und sogar öffentlich auf die Füße. Es bestand
keine Erlaubnis für dieses kritische Feedback, und durch
die öffentliche Demütigung kam auch noch eine starke
Emotionalisierung hinzu. Diese empfanden sein Verhalten

offensichtlich als anmaßend und verletzend, und sie intervenierten daher beim Vorstandsvorsitzenden. Die Entscheidung wurde hinter verschlossener Tür gefällt, und man wartete auf den nächsten kleineren Anlass, dem Positionsinhaber noch in der Probezeit die rote Karte zu zeigen. Das Fallbeispiel geht noch weiter. Während der Ausgang dieses ersten Kapitels also auf Anmaßung und Selbstgefälligkeit beruhte und auf engeren und durchaus richtigen eigenen Werten, während die Großzügigkeit in den Unternehmenswerten von ihm nicht akzeptiert wurde, fußt das nächste Kapitel auf anderen Elementen dieser Person. Nach außen trat er immer sehr professionell und souverän auf. Dass sich hinter dieser Maske oft eine ganz andere Persönlichkeitsstruktur verbirgt, macht das nun folgende zweite Kapitel dieses Fallbeispiels deutlich.

Er fand im Anschluss an diese berufliche Station sofort eine neue Stelle. Wenige Jahre später ereilte ihn von einer absoluten Topadresse ein neues Angebot, das er sehr gern annehmen wollte. Er beriet sich mit seinem Coach darüber. Der riet ihm zu, gab ihm aber auch den Hinweis, aus seinem früheren Scheitern die richtigen Botschaften zu lernen. Interessant in diesem Zusammenhang, dass ihm die Gründe für das Scheitern nicht wirklich klar geworden waren. Selbst nach einer ausgiebigen Erklärung durch den Coach wurde bei einem weiteren Treffen deutlich, dass ihm einige Zusammenhänge immer noch unklar geblieben waren.

Der entscheidende Rat des Coaches bestand darin, sich für sein Fehlverhalten beim Vorstandsvorsitzenden des ehemaligen Unternehmens in schriftlicher Form per Brief zu entschuldigen und um ein persönliches Gespräch zu bitten, in dem er sein »mea culpa« aufrichtig und authentisch wiederholen sollte. Diesen Vorschlag lehnte er zunächst rundweg ab und übersah dabei, dass diese Person in einer sehr wichtigen und engen Geschäftsbeziehung mit seinem zukünftigen Unternehmen stand. Als ihm dieser Zusammenhang deutlich gemacht und das Szenario eröffnet wurde, dass ohne diese Entschuldigung möglicherweise bei dieser Person noch immer eine Irritation vorliegen könnte, die sich vielleicht kommunikativ in sein neues Unternehmen hineinentwickeln und ihm möglicherweise schaden könnte, war seine erste abrupte Reaktion: »Dann gehe ich da besser nicht hin!«

Der Coach bat ihn, das noch einmal zu überdenken: Schließlich handelte es sich um ein Topunternehmen und seine Traumposition. Ob er sie so einfach aufgeben wollte?

Ein erneutes Treffen leitete die Führungskraft mit den Worten ein, dass er sich bei sieben Personen seines Vertrauens Rat geholt hätte und alle ihm abgeraten hätten, diesen Weg (Brief, Entschuldigung) zu gehen. Dem Coach gelang es, seine Widerstände abzubauen. Er unternahm diesen Versuch, der erfolgreich verlief.

In der neuen Position reüssierte er über alle Maßen. Zum einen lag dies daran, dass er ein Umfeld an Unternehmenskultur vorfand, das seiner Persönlichkeit viel besser entsprach, zum anderen daran, dass er aus seinem Misserfolg gelernt und sein Verhalten umgestellt hatte.

Fall Nr. 6

Scheitern durch unbewusste Persönlichkeitssteuerung und mangelnde Klarheit über das eigene Persönlichkeitsprofil.

Der technokratische Marketingleiter

Hausintern bewirbt sich eine Führungskraft auf die Gesamtverantwortung im Marketing. Sie verfügt über alle Vorteile, diese Position zu bekommen, zumal sie auch bisher die rechte Hand für den scheidenden Marketingleiter ist.

Im Auswahlverfahren scheitert dieser Mensch aber. Seine ganze Persönlichkeitsausstrahlung ist eher die eines Technokraten als die des lebendigen und schwungvollen Marketingvisionärs. Im Laufe des Auswahlgesprächs schildert der 40-jährige Bewerber, dass er erst vor kurzem (!) begonnen habe, auf die Körpersprache seiner Mitmenschen zu achten, und er nun besser feststellen könne als früher, welche seiner Ideen und Argumente ankommen würden und welche eher nicht. Das gesamte Gespräch macht deutlich, dass er sich bisher sehr wenig Gedanken über seine eigene Wirkung auf andere und die kommunikativen Beziehungen zwischen Menschen gemacht hat. Auch kann er überhaupt keine Kommunikationstheorien aus der einschlägigen Marketingliteratur oder Kommunikationspsychologie zitieren. Diese Themen sind ihm wesensfremd. Wenn er mit der Absage kein ausführliches Coachinggespräch erhält, wird er wahrscheinlich an seinem Schicksal hadern; denn er wird sicherlich kaum nachvollziehen können, wie eine 31-jährige und äußerst schwungvolle Frau, die bisher weder in ihrer akademischen Ausbildung noch in ihrer beruflichen Praxis über Marketingerfahrung verfügt, den Zuschlag für diese Position bekommt.

Das Fazit: Er ist sich seines Selbstbilds und seiner Wirkungen auf andere überhaupt nicht bewusst und hat möglicherweise in Unkenntnis seiner wahren Persönlichkeitsstärken sogar den völlig falschen Berufsweg gewählt.

Fall Nr. 7

Gut gewollt ist nicht gut gemacht.

Die internationale »Turbofrau«

Eine Frau, 40 Jahre alt, beschließt einen beruflichen Wechsel. Nach einer internationalen Ausbildung und einem Werdegang, der sie durch mehrere internationale Konzerne führte, wird sie Partnerin in einem kleinen Beratungsunternehmen, das auf ein völlig anderes Geschäftsfeld ausgerichtet ist, in dem sie bisher noch gar keine Erfahrungen gesammt hat. Das Unternehmen wird von dem Inhaber geführt (58 Jahre alt), der es selbst vor 15 Jahren gegründet hat. Das potenzielle systemische Ranking für sie ist der Platz zwei. Der Inhaber nutzt alle seine Möglichkeiten, sie möglichst schnell auf diesen Platz zu bringen, weil er seine eigenen Interessen verfolgt: Er möchte sie als Nachfolgerin im Unternehmen installieren und sich nach und nach von der Arbeit zurückziehen. Sein Führungsstil ist grundsätzlich der des Laisser-faire.

Die Frau ist intelligent, besitzt eine rasche Auffassungsgabe und nimmt auch in neuen Situationen schnell eine Meinungsposition ein. Ferner kommuniziert sie äußerst druckvoll und neigt sogar dazu, andere bisweilen zu unterbrechen, weil sie entweder von ihrer Meinung in hohem Maße überzeugt ist oder, das wird in anderen Fällen deutlich, sich in der Sache gar nicht besonders gut auskennt (wie könnte das in einem fremden Umfeld nach kurzer Zeit auch sein?), aber im Laufe ihres Lebens ein Muster entwickelt hat, das ihr immer wieder die Möglichkeiten geboten hat, sich durchzusetzen. Es ist das Muster: Man muss seine Meinung nur laut und nachdrücklich vertreten, dann kann man andere schon dominieren (wenn diese das mit sich machen lassen). Dieses systemische Muster, das

75

an anderer Stelle in diesem Buch ausführlich erläutert wird, ist unbewusst in starkem Maße in ihr verankert. Trotz guter Vorbereitung geht sie zunächst recht eigensinnig ihren eigenen Weg. So lässt sie sich anfangs fast gar nicht in dem Unternehmen blicken, weil sie der Auffassung ist, dass Kommunikation auch gut übers Telefon und via E-Mail erfolgen kann. Sie erscheint nur zu Meetings und geht ihrer Tätigkeit aus dem Homeoffice nach. Der Inhaber realisiert natürlich, dass eine solche Integration in das Unternehmen nicht möglich ist, und empfiehlt ihr, doch regelmäßig im Büro zu arbeiten, um in die gewünschte Führungsposition hineinzuwachsen. Dieses Feedback nimmt sie eher störrisch an, sie folgt aber der Empfehlung. In der nächsten zeitlichen Phase bessert sich der Zustand, und die Integration kommt voran. Je mehr sie von den Beratungsprozessen des Unternehmens lernt, umso stärker versucht sie, Einfluss zu nehmen, weil es ihrem persönlichen Naturell entspricht. Einige ihrer Änderungen sind durchaus richtig und gewollt, werden aber viel zu dominant vorgetragen, sodass sie sich intern damit wenig Freunde macht. Andere wiederum sind in der Sache falsch. Da sie nicht gut zuhört und andere durch ihre Schnelligkeit und Rhetorik zu dominieren sucht, entgehen ihr wichtige Feedbackinformationen. Ferner verfügt sie über wenig Empathie, sodass sie leisere Zwischentöne auch nicht wirklich wahrnimmt, und wenn, dann als mangelnden Kooperationsgeist und mangelnde Dynamik der anderen unbewusst umdeutet und nach außen projiziert. Sprich: Sie fühlt sich nicht integriert und gibt den anderen die Schuld dafür. Tatsächlich müsste sie aus der potenziell eingeräumten Position Nr. 2 heraus die Verantwortung für das Gelingen der Kommunikationsprozesse übernehmen. Da sie in der Sache und im Ton aber deutliche Fehler macht, verliert sie einige Mitarbeiter, die sich ihr sogar offen widersetzen. Zu diesem Zeitpunkt bekommt sie vom Firmeninhaber ein direktes und klares Feedback: Spaltung des Teams,

Dominanzversuche, wenig Eigenständigkeit, die falschen Prioritäten auf kleine Winzigkeiten setzend und die große Linie gar nicht erkennend und daher auch nicht aufgreifend. Sie ändert tatsächlich ihr Verhalten: hört besser zu, bringt sich besser ein, nimmt Feedback besser an. – Nach kurzer Zeit allerdings teilt sie mit, dass sie sich für eine andere Aufgabe entschieden hat, die ihren Fähigkeiten besser entsprechen würde.

Fall Nr. 8

Prophylaxe durch eine präzise Vorbereitung.

Der Analytiker und Anpassungsfähige

Ein Leiter Controlling wechselt von Unternehmen A zu Unternehmen B. Er hat seine Aufgabe gut gemacht und wurde im Laufe der Zeit sogar immer besser. Während sein Persönlichkeitsmuster darin besteht, eher analytisch und eher langsam an die Aufgaben heranzugehen, hat er im Laufe der Zeit mehr Selbstvertrauen und daher auch mehr Geschwindigkeit entwickelt. Der gesamte Prozess innerhalb des Systems A kann als gut bis sehr gut bezeichnet werden.

Nun wechselt er zu B und hat die Haltung verinnerlicht, sein Tempo noch weiter zu steigern. Auf den ersten Blick erscheint dies plausibel zu sein: wechselt er doch in fast die identische Position bei einem ähnlich aufgestellten Unternehmen. Auch ist sein Erfahrungswissen ja deutlich gewachsen. Ferner verlangt man von Topführungskräften ja auch Schnelligkeit und Klarheit in der Bewältigung von anstehenden Aufgaben. Es kommt sogar noch verstärkend hinzu, dass sein zukünftiger Vorstandsvorsitzender eine äußerst dynamische und schnelle Persönlichkeit ist.

Der Coach bremst ihn und lehrt ihn, dass ein Scheitern

in einem neuen System eher aus zu hohem Tempo als aus einem zu niedrigen resultiert. Gewissenhaft fragt er nach, hört gut zu und analysiert die Zusammenhänge. Da er gut im Erkennen ist, offenbart sich ihm, dass er möglicherweise kurz davor war, einen folgenschweren Fehler zu begehen. Sofort schaltet er um und erfragt, wie das adäquate Verhalten beim Einstieg in ein neues Unternehmen ist. Ein halbes Jahr nach Dienstbeginn schreibt er eine E-Mail und bedankt sich noch einmal für das Coaching. Er habe viele Ungereimtheiten im neuen Unternehmen kennen gelernt, die er anfangs gern geändert hätte. Dies habe er jedoch aufgrund des Rats unterlassen. Später sei ihm dann klar geworden, dass es für alle diese Strukturen eine Historie und einen Hintergrund gegeben hätte, die ihm auf den ersten Blick nicht klar werden konnten und die sogar Sinn stiften würden. So habe er nun in seiner Erfahrung nachvollziehen können, dass eine Änderung überhaupt nicht sinnvoll gewesen wäre.

Fall Nr. 9

Gelingen durch Einsicht, Loslassen und Souveränität im Zugeben von Schwächen.

Der charismatische und mutige Produktionsleiter

Ein neuer Geschäftsführer krempelt die Prozesse in der Produktion kräftig um. Sein Produktionsleiter trägt die Umgestaltung einerseits loyal mit, warnt ihn aber andererseits auch vor entsprechenden Risiken. Das zerrüttet die Beziehung am Anfang so sehr, dass der Geschäftsführer beschließt, die Position von außen neu zu besetzen und den Produktionsleiter zurück in die Linie zu schicken. Der trägt diese Degradierung mit Fassung und erhobenem Kopf, arbeitet sogar seinen Nachfolger loyal ein. Einige Zeit später ist eine Führungsposition im Vertrieb neu zu besetzen. Aufgrund seines äußerst loyalen Verhaltens bietet man ihm diese Aufgabe an, und er nimmt sie nach kurzer Überlegung auch an. Zu erwähnen ist, dass es zwischen diesen beiden Bereichen, Produktion und Vertrieb, naturgemäß zahlreiche Spannungen gibt und auch geben muss, weil beide Bereiche unterschiedliche Ziele zu verfolgen haben. Die Vertriebsmannschaft bringt ihrem neuen Chef nicht gerade alle Sympathien entgegen, weil man in der Vergangenheit einige Unstimmigkeiten auszutragen hatte. Der neue Vertriebsleiter beginnt seine Aufgabe, indem er zwei Dinge sagt und durch ein glaubwürdiges und authentisches Verhalten belegt: Erstens erklärt er seinen Mitarbeitern, dass er in seiner früheren Position einen bestimmten »Hut« getragen hat und für das Unternehmen eine bestimmte Rolle wahrnehmen musste, dass sie sich aber bitte von ihm als Mensch ein neues Bild machen sollten und möglichst zwischen Mensch und ausgeübter Rolle eine Unterscheidung treffen mögen. Zweitens sagt er ihnen, dass er noch nie im Vertrieb war und diese Aufgabe auch nicht wirklich verstehen würde. Er bittet sie darum, ihm die Besonderheiten in der Wahrnehmung der Aufgabe beizubringen: Er sei hier, um zu lernen! – Nach wenigen Wochen schon bekommt er aufgrund seines stimmigen Verhaltens ein außergewöhnlich positives Feedback von seiner Mannschaft. Er selbst ist glücklich in dieser Aufgabe und erkennt, dass der vermeintliche Rückschritt für ihn tatsächlich nun ein Fortschritt geworden ist.

Ein Jahr später zeigt sich, dass er in der neuen Aufgabe extrem erfolgreich ist. Da er vorher in der Produktion alle fachlichen Details beherrschte, kann er nun im Vertrieb mit einem hervorragenden Fachwissen glänzen. Seine Zahlen sind extrem gut, und er selbst ist glücklich, dass er in dieser Aufgabe tätig ist.

Fall Nr. 10

Gelingen durch Einnehmen der neutralen Position.

Der empathische, intuitiv-schöpferische Manager

Vier geschäftsführende Gesellschafter eines Unternehmens (Aktiengesellschaft mit Beteiligung dieser vier Partner) arbeiten in dieser Form seit einem knappen Jahr zusammen. Die Betriebszugehörigkeit staffelt sich nach Jahren wie folgt: zwölf, acht, vier Jahre, ein Jahr. Es gibt keinen Sprecher oder Vorsitzenden in diesem Unternehmen. Nun entwickelt sich ein nervenaufreibendes internes Unternehmensspiel. Die beiden dienstältesten Partner A und B haben eine Koalition gebildet und wollen C (vier Jahre dabei) aus dem Unternehmen entfernen. Sie haben offensichtlich auch schon mit dem Aufsichtsrat gesprochen, und dieser Trennungsprozess scheint in die Gänge gekommen zu sein. C wiederum spürt dies und versucht nun, den Neuzugang D auf seine Seite zu bekommen. Dann würde ja ein anderes Kräftegleichgewicht bestehen. C, der oft das Gespräch mit D sucht, erkennt immer stärker, dass er unter Beschuss geraten wird. Seine Reaktion ist: Dann werde ich auspacken und alles auf den Tisch legen. Ich habe auch viel Munition.

Der Neuzugang D verhält sich aber klug. Wenn er sich auf die Seite einer Partei schlägt, tut er jemandem Unrecht. Vielleicht haben A und B durchaus gute Gründe für eine Trennung? Kooperiert er mit ihnen, so stellt er sich gegen C. Kooperiert er hingegen mit C, der ihn bisher immer sehr kooperativ unterstützt hat, dann stellt er sich gegen die andere Seite. Wie soll er sich verhalten? Er wählt die neutrale Position, da er aus seiner geringen Betriebszugehörigkeit heraus nur einen Teil der Informationen aus eigener Anschauung beurteilen kann.

Fall Nr. 11

Gelingen durch präzises Beachten der systemischen Rahmenbedingungen.

*Die klare Denkerin mit einer hohen Handlungsenergie und
einer stark ausgeprägten Loyalität und traditionellen
Wertestruktur*

Eine weibliche Führungskraft beriet folgendes Thema mit ihrem Coach. Sie hätte das Gefühl, in einer Sackgasse zu sein. Sie würde ihren Vorgesetzten, nur wenige Jahre älter als sie, sehr schätzen und könnte sich aber auch vorstellen, dessen Verantwortung auszuüben. Diese Option würde wahrscheinlich nicht realisierbar sein, weil sie selbst absolut loyal zu ihrem Vorgesetzten stünde und weil dieser in einem Alter sei, dass er sich wahrscheinlich nicht mehr verändern wolle. Sie selbst hätte sich auch schon bei anderen Unternehmen im Verbund beworben, sei dort aber nicht angenommen worden.

Die nähere Analyse ergab folgende weitere Informationen und Hypothesen. Sie hatte vor vielen Jahren dem heutigen Vorstandsvorsitzenden auf ein Karriereangebot abschlägig geantwortet. Hierfür waren mehrere Gründe maßgeblich gewesen: Die Aufgabe hätte nicht wirklich ihrem Interesse entsprochen, aber vor allem hätte sie mit den zwei Personen, die dann in ihrer Reporting-Line gewesen wären, größere persönliche Probleme gehabt. Diesen entscheidenden Faktor hätte sie aber als Begründung nicht angeführt, weil sie es nicht mit ihrem Wertesystem vereinbaren konnte, negative Punkte über diese hierarchisch höher gestellten Personen weiterzugeben. Nun ließ sich daraus die nicht unrealistische Hypothese ableiten, dass der heutige Vorstandsvorsitzende die damalige Entscheidung vielleicht nicht hundertprozentig nachvollziehen konnte und sich ein Bild von dieser Führungskraft gemacht hat, das nicht ganz wirklichkeitsgetreu ist. Vielleicht sind sogar die Bewerbungen im Verbund daran gescheitert, weil der Vorstandsvorsitzende auch hier entsprechend verdrahtet ist. Die heutige Situation ist anders. Beide Personen, die damals die Verantwortlichen für die Absage waren, sind nicht mehr im Konzern tätig. Auch sieht die Klientin ein, dass sie damals die wahre Antwort hätte geben müssen und dass es dafür auch einen Weg gegeben hätte, der ihrer Wertestruktur und den Geboten von Höflichkeit und Anstand entsprochen hätte. Erschwerend kommt aber heute hinzu, dass sie nicht einfach auf den Vorstandsvorsitzenden zugehen kann, sondern ihren Ressortvorstand einbinden muss. Dieser wiederum hat eine Persönlichkeitsstruktur, die es ihr im Grunde nicht erlaubt, ein direktes Gespräch mit dem Vorstandsvorsitzenden zu führen. Der Ausweg aus dieser scheinbaren Sackgasse war, ihn zwar formell mit einzubinden, ihn aber zu bitten, mit dem Vorstandsvorsitzenden direkt und als Erste ein Gespräch führen zu dürfen, weil zuvor die Entschuldigung für die falsche Entscheidung in der Vergangenheit zu überbringen sei; würde dies nicht geschehen, könnte der Vorstoß des Ressortvorstands sogar möglicherweise ins Leere gehen und sich vielleicht sogar kontraproduktiv gegen die Führungskraft richten.

Dieser nachvollziehbar nicht einfache Fall, der durch weitere Informationen, die der Kürze wegen weggelassen worden sind, sogar noch komplexer war, ließ sich durch diese systemisch orientierte Ausarbeitung in genau der beschriebenen Abfolge positiv lösen. Das Feedback des Vorstandsvorsitzenden war positiv und bestand darin, dass die Person nun neu positioniert worden ist und für weitere Karriereplanungen vorgesehen wird.

Fall Nr. 12

Gelingen durch Einsicht, Selbstreflexion und den Anspruch, an seinen Schwächen zu arbeiten.

Vom hochintelligenten sachlichen Vorgesetzten zur beliebten und anerkannten, wertgeschätzten Führungspersönlichkeit

Eine Topführungskraft bekam das Feedback, dass sie einerseits sehr gute fachliche Ergebnisse produziere, andererseits aber doch erkennbare Schwächen in der Sozialkompetenz aufweisen würde und dass sie gut beraten sei, an den Themen Empathie und Führung zu arbeiten. Gesagt, getan. Die Führungskraft bat um einen Coach und besprach mit diesem das Anliegen. Es wurde ein Weg festgelegt, an den Schwächen zu arbeiten. In dieser Zeit zeigte die Führungskraft, dass sie wirklich gewillt war, ihr persönliches Verhalten zu ändern. Anfangs etwas zögerlich, weil sie zu Recht Vorbehalte hatte, bestimmte Schritte zu gehen, entwickelte sie nach und nach Vertrauen in das Konzept und legte an Geschwindigkeit zu. Nach einem Jahr überraschte sie die Vertreter des Personalwesens mit einem in eigener Initiative gestalteten und durchgeführten Workshop mit den Mitarbeitern, in dem sie sich offen von allen ein Feedback zum Führungsstil geben ließ, das auch kritische Elemente abfragte und unter externer Moderation eines Trainers stattfand. In der Summe fiel das Urteil über die Führungskompetenz über alle Maßen positiv aus.

Fall Nr. 13

Gelingen durch Mut, Rückendeckung des Vorsitzenden und späte Einsicht.

Die Gratwanderung auf des Messers Schneide

Eine gestandene Führungskraft Ende 40 verantwortet als Bereichsleiter das Risikomanagement in einem internationalen Konzern. Er ist es gewohnt, auch die härtesten Verhandlungen erfolgreich zugunsten seines Arbeitgebers, beim dem er sich sehr wohl fühlt, umzusetzen.

Ein neuer Vorstand wird bestellt, der sich ausbedingt, eine ihm aus langjähriger Zusammenarbeit vertraute Person als Bereichsleiter einzusetzen. Die Verantwortungen werden neu geordnet. Die vorherige Führungskraft behält zwar alle fachlichen Zuständigkeiten, wird aber hierarchisch nun als Abteilungsleiter geführt und berichtet an den neuen Bereichsleiter.

Anfangs beobachtet er die neue Konstellation sehr genau und stellt fest, dass er dem Ressortvorstand in der Sache fachlich überlegen ist. Die diesem Mann seines Erachtens unzureichend ausgeprägte Sozialkompetenz wird als belastend empfunden, und es wird eine respektvolle und achtsamere Form im Umgang miteinander erwartet. Bei jeder sich bietenden Gelegenheit demonstriert der Abteilungsleiter seine fachliche Überlegenheit.

Der Ressortvorstand reagiert, wie auch in anderen Situationen mit anderen Menschen, gereizt und cholerisch. Das lässt er sich aber nicht gefallen. Nach kurzer Zeit kommt es zum Eklat: Der Ressortvorstand sagt dem Abteilungsleiter unmissverständlich, dass er mit ihm nicht zusammenarbeiten möchte. Der wiederum steht wütend auf und verlässt den Raum mit der Bemerkung: Wenn Sie mich loswerden wollen, ist das nur eine Frage des Preises! Er spricht kurze Zeit später den Vorstandsvorsitzenden an und bittet ihn darum, dass er sich Gedanken über seine berufliche Verwendung macht. Auch sagt er ganz offen, dass er mit dem Ressortvorstand nicht zusammenarbeiten könne. Der Vorsitzende entscheidet, ihn in einem anderen Bereich des Konzerns mit einer wichtigen Aufgabe zu betrauen. Dort leistet er erneut eine hervorragende Arbeit und kann sich erst einmal ein halbes Jahr beruhigen und seine Gedanken klären. Einerseits möchte er wieder gern in den alten Bereich zurück, andererseits sagt er weiterhin, dass er mit dem Ressortvorstand nie zusammenarbeiten könne, weil er ihn fachlich nicht akzeptieren könne.

Auf einem Betriebsfest stellt er fest, dass der Bereichsleiter, sein vorheriger direkter Vorgesetzter, recht isoliert ist und noch wenig Anschluss gefunden hat. Da er im Grunde seines Wesens ein großes Herz hat und seine Gefühle auch auf der Zunge trägt, geht er auf ihn zu und trinkt einige Bier mit ihm. Man kommt sich näher. Kurz darauf führt er ein Gespräch mit ihm und klärt, wie eine mögliche Zusammenarbeit aussehen könnte, da er ja gern nach der abgeschlossenen Sonderaufgabe wieder in den alten Bereich zurück möchte. Man einigt sich auf ein gutes pragmatisches Konzept.

Die ersten Tage und Wochen verlaufen positiv. Er stimmt einige fachlich schwierige Sachverhalte mit ihm ab und erhält jedes Mal seine schnelle und vollständige Zustimmung. Auch räumt er ihm die von ihm gewollten großen Freiheitsgrade ein. Der Abteilungsleiter präsentiert einen anspruchsvollen Fall in der Vorstandssitzung und erhält auch die gewünschte Entscheidung.

Noch am selben Tag empfängt er eine E-Mail seines Ressortvorstands, der ihm ein Kompliment für die gelungene Vorstandsposition ausspricht. Man telefoniert miteinander. Er bedankt sich und nimmt aber gleichzeitig etwas Tempo aus dem Sachthema heraus. »Mal sehen, wie sich dieser Fall bis zum Jahresende entwickelt.« Seine optimistische Sicht, dass alles gut gehen würde, kommentiert er mit den Worten: »Wenn es klappt, können Sie mich ja auf ein Glas Wein einladen.«

»Wer den Tiger reitet«, könnte man diese Fallgeschichte auch kommentieren. Dieser absolut sympathische und offenherzige gestandene Mann hat wirklich einen Ritt auf der Rasierklinge absolviert. Wenn er nicht durch seine Leistung über viele Jahre überzeugt hätte, hätte seine sehr offene und sehr mutige Strategie auch schief gehen können. Im systemischen Prinzip halten die Oberen eher zusammen, auch wenn dort nicht alles stimmen sollte, und machen eher das berühmte Bauernopfer, als dass sie einen der Ihren vor die Tür setzen würden. Ausnahmen bestätigen natürlich die Regel.

Als seine Wut und sein Ärger verraucht waren, konnte der Abteilungsleiter einen neuen Weg für sich finden, der ihm vorher gefühlsmäßig verwehrt war. Nun ist das System aber immer noch nicht stabil; denn die letzte Bemerkung von ihm im Telefonat mit dem Ressortvorstand könnte möglicherweise alte Wunden zum Aufbrechen bringen. Er ist gut beraten, das Friedensangebot von ihm ernst zu nehmen und gleichermaßen eine kooperative Strategie zu wählen.

Fall Nr. 14

Gelingen durch Klarheit in der Sache und durch eine hoch ausgeprägte Sozialkompetenz.

Der Controller auf Platz eins des Soziogramms

Ein Controller hatte schon Mitte der 8oer-Jahre in dem Unternehmen, in dem er tätig war, ein herausragend klares Managementinformationssystem installiert, das den Kunden und vor allem den Kundenbetreuer völlig gläsern abbildete. Man konnte über alle Produkte die Deckungsbeiträge pro Kunde und pro Kundenbetreuer darstellen, obwohl der Vertrieb in einer Matrixorganisation aufgestellt war. Auch die Steuerung der Zusammenarbeit im Vertrieb wurde durch das Controllingsystem ermöglicht: Eine Schattenrechnung bildete die Produktergebnisse mehrfach ab und wurde auf elegante Art und Weise mit der Gewinn- und-Verlust-Rechnung synchronisiert.

In einer schwierigen Phase des Unternehmens riet dieser Controller dem Vorstand zu einem Schritt, der aber mangels Klarheit im Denken und mangels Mut aufseiten des Vorstands unterblieb. So handelte der Controller in eigener Initiative am Vorstand vorbei und hatte mit seinem Vorgehen auch den für das Unternehmen gewünschten Erfolg.

Kurze Zeit danach beauftragte der Vorstand einen Unternehmensberater mit der Durchführung eines Soziogramms. Hierbei wurde im Kreis der 16 Bereichsleiter in Form eines Rankings erhoben, welche Plätze sich die Kollegen im Quervergleich in der Fachkompetenz und in der Sozialkompetenz geben. In der Fachkompetenz werden bei einem solchen Soziogramm die unterschiedlichen fachlichen Funktionen miteinander verglichen: also der Controllingchef mit dem Personalleiter und dem EDV-Leiter usw. Gefragt wird hierbei, wie kompetent der Funktionsinhaber seine Verantwortung ausübt im Vergleich zu seinen Kollegen. Zwar vergleicht man Äpfel mit Birnen, aber ein Apfel kann unreif und wurmstichig sein, während die Birne im Vergleich hierzu von bester Qualität ist. Die Sozialkompetenz schließlich umfasst alle darin enthaltenen Elemente (siehe späteres Kapitel).

Der Controllingchef wurde in beiden Rankings auf Platz eins gewählt! In Seminaren erntet dieses Fallbeispiel bisweilen Verwunderung; gelten doch Funktionen wie Revision oder Controlling als Tätigkeiten, mit denen man sich keine Freunde machen kann. Als nächster Gedanke wird dann gern formuliert: Ja, aber man kann ja auch als Weichei oder als Mensch, der ständig faule Kompromisse eingeht, eine solche Funktion ausüben und sich so seine Punkte für das Soziogramm sammeln. Diese Ansicht ist nicht richtig: Solche Menschen würden weder bei der Fachkompetenz (faule Kompromisse!) noch in der Sozialkompetenz (!) hohe Werte bekommen.

Wichtig in dieser Fallgeschichte ist, dass der Controlling-chef in der Sache ein exzellentes Konzept entwickelt und dieses äußerst feinfühlig mit einem sehr hohen Kommunikationsaufwand mit den zuständigen Vertriebsbereichen abgestimmt und quasi gemeinsam entwickelt hat. Er ist ein Mensch, der zudem seine Ideen und Konzepte mit hoher Überzeugungskraft vertritt und im Zweifel sogar den Mut besitzt, gegen die Meinung des Vorstands dafür aktiv und in eigener Initiative am Vorstand vorbei einzutreten: also mitnichten ein Weichei oder Kompromissesammler.

Fall Nr. 15

Scheitern durch Illoyalität und Dummheit.

Das Schandmaul – oder:
Wie man sich erfolgreich selbst mobben kann

Eine Frau wird durch ihre Chefin sehr gefördert. Nach einigen Jahren erhält sie sogar die Beförderung zur Teamleiterin.

Jahre später allerdings zeigt sich, dass sie mit den mittlerweile deutlich gestiegenen Anforderungen nicht mehr ganz zurechtkommt. Während die Chefin eine Sonderaufgabe wahrnimmt, zeigt sie einige neue merkwürdige Verhaltensweisen: Sie zieht Dinge an sich, kontrolliert immer mehr, spricht generell sehr negativ über andere Menschen und äußert zudem vor Kollegen: »Wenn die Chefin zurückkommt, gehe ich.«

Da die Chefin eine Frau mit hoher Sozialkompetenz und

ausgesprochen beliebt ist, kommen ihr diese Informationen zu Ohr. Direkt darauf angesprochen, werden solche Aussagen mit Entrüstung negiert. Auch bei anderen Themenstellungen wird deutlich, dass sich diese Frau in Widersprüche verstrickt. Dritten gegenüber behauptet sie Dinge, die unwahr sind, was schriftliche, von ihr selbst erstellte Ausarbeitungen belegen.

Die Chefin überlegt, ob sie diese Frau halten kann. Eine mögliche Lösung bestünde darin, einen jüngeren Mitarbeiter aus dem Team, der an sie berichtet, zu ihrem Stellvertreter aufzubauen, um sie so zu stützen. Doch dieser hat sich schon mehrfach über seine direkte Vorgesetzte bei der Chefin in sachlicher Form negativ geäußert und darum gebeten, dass die Abteilungsleiterin selbst sich bitte um ihn kümmern möge. Eine andere Lösung wäre, sie als Sachbearbeiterin im Team zu halten.

Letztlich werden alle Alternativen verworfen. Die Entscheidungsgründe sind:

- Mangelnde Leistungspotenziale
- Hohe Illoyalität
- Nachweisbare Lügen
- Beeinträchtigung des Klimas in der Abteilung
- Alleinstellung unter den Kollegen

Alle ihr gebotenen Chancen hat sie nicht genutzt. Dann muss sie gehen.

Kommentar: Können Sie sich vorstellen, dass diese Frau das Gefühl hat, gemobbt zu werden? Psychologisch kann man diesen Fall wie folgt kommentieren: Die Frau fühlt sich überfordert. Sie greift zu Strategien, die ihr scheinbar eine Absicherung der Position ermöglichen. Sie führt mehr Kontrollen ein, zieht Dinge an sich und wertet andere ab (um sich selbst dadurch aufzuwerten). Kollegen über sie:»Das Schandmaul soll endlich die Klappe halten!« Oder:

»Da Sie ja nun wieder hier sind, kann sie ja gehen!« Ihre Verhaltensweisen sind leider nicht sehr klug. Doch greifen viele Menschen, manchmal sogar Vorstände oder auch Vorstandsvorsitzende, zu ähnlichen, allerdings erheblich klügeren und differenzierteren Strategien auf höherem Niveau. Leider machen sie die Rechnung ohne den Wirt: Sie glauben immer, dass sie dabei nicht durchschaut werden. Dabei unterschätzen sie die Intelligenz und Sensibilität ihrer Führungskräfte. In den meisten Fällen werden diese Strategien vollständig durchschaut und führen zu einem zusätzlichen Verlust an Ansehen. Dies spüren diese Menschen wiederum und manchen nun genau den Fehler, mehr vom scheinbar Guten zu tun.[30] Ein Vorstand wird dann noch mehr Muskeln zeigen, um seine Machtposition abzusichern. Die Teamleiterin wird noch mehr von ihren Machtspielen spielen. Leider ist das der Anfang vom Ende: Eine solche Strategie führt eindeutig ins Verderben.

Wenn die Person dann aus der Position entfernt wurde, versteht sie die Welt nicht mehr. Dritten gegenüber wird geäußert, dass man gemobbt wurde, obwohl man doch alles richtig gemacht habe.

Wie sähe die Lösung aus? Die Teamleiterin geht zu ihrer Chefin und teilt ihr ganz offen mit, dass sie sich überfordert fühlen würde. Sie hätte festgestellt, dass in ihrem Team ein talentierter Mitarbeiter sei, der zwar einiges noch lernen müsse, dennoch aber schon vieles sehr gut machen würde. Sie wünscht ihn sich als ihren Stellvertreter und verabredet zudem mit der Chefin, dass er sie in Sitzungen nach und nach vertreten solle. Ferner beichtet sie, dass sie Angst um ihre Position haben würde, und bittet ihre Chefin um Rat und Unterstützung. – Damit äußert sie ganz offen und ehrlich nur das, was andere sowieso wissen, und sie kaschiert es nicht.

---

[30] Vergleiche hierzu Paul Watzlawick, Vom Schlechten des Guten, R. Piper GmbH & Co. KG, München, 1986

Die Chefin äußert, dass sie sich darüber freut, so offen mit ihr über ihre Probleme und Ängste sprechen zu können. Sie versichert ihr, dass sie in der Position bleiben könne, weil sie zuverlässig und loyal sei, auf die Risiken hingewiesen und die Initiative für eine Lösung übernommen habe. Die Idee mit dem Stellvertreter sei sehr gut. Man könne ihn zukünftig die komplexeren und anspruchsvolleren Aufgaben übernehmen lassen, während sich die Teamleiterin auf die Führung des gesamten Teams und die anderen Aufgaben konzentrieren könne. Sie finden, das ist eine ungewöhnliche Lösung? Sollte sie den Platz nicht freimachen für einen Stärkeren? Ja, es gibt Unternehmen, in denen so entschieden wird. Sie könnte dann zurück ins Team, wenn dies ohne Gesichtsverlust geregelt werden kann, oder in einen anderen Aufgabenbereich versetzt werden oder natürlich auch gekündigt und abgefunden werden. Auch das sind mögliche Lösungen, die einerseits von der Unternehmenskultur und Sozialkompetenz der jeweiligen Führungskraft abhängen, andererseits berücksichtigen sollten, wie loyal sich der jeweilige Mitarbeiter verhält. Hat eine Führungskraft eine hohe Sozialkompetenz, so wird sie die Ehrlichkeit und Offenheit der anderen schätzen und in diesem Sinne auch eine Entscheidung treffen.

Die Teamleiterin in der Position zu belassen ist dann die beste Lösung, wenn sie sich durch eine hohe Sozialkompetenz auszeichnet. Sie muss fachlich nicht die stärkste Person sein. Ihre Verantwortung besteht darin, über ihre Führungskompetenz ihr Team und alle Teammitglieder so zu steuern, dass die gesamte Verantwortung des Teams optimal erfüllt wird. Wenn sie fachlich die Ausarbeitungen eines hochkarätigen Spezialisten nicht verstehen kann, muss man hierfür eine Sonderregelung vereinbaren. Das ist genau die Verantwortung einer Führungskraft, für die optimale Aufstellung des Teams und die effektive und effiziente Erbringung der sachlichen Aufgaben zu sorgen. Die Kompetenz, die man hierfür benötigt, heißt Sozialkompetenz. Ein wichtiges Merkmal hiervon ist Offenheit und Ehrlichkeit (siehe hierzu die Ausführungen in einem späteren Kapitel).

Fall Nr. 16

Gelingen durch klares Bestimmen der systemischen Position und Nutzen der diesem Rangplatz innewohnenden Möglichkeiten.

Der junge Geschäftsführer mit viel Engagement und hohem Elan

Ein Bereichsleiter eines Unternehmens wird eines Tages vom Aufsichtsrat in die Geschäftsführung befördert. Er hat diesen Aufstieg verdient, weil er mit sehr guten kreativen Ideen und einem vorbildlich hohen Arbeitseinsatz seiner Verantwortung jederzeit bestens nachgekommen ist.

Einige Zeit später wird dieses Unternehmen mit einem anderen fusioniert. Es bildet sich eine Obergesellschaft mit mehreren Töchtern. In der Obergesellschaft sind sechs Geschäftsführer tätig. Der junge Geschäftsführer ist einer von diesen. Der Vorsitzende kommt aus der Konzernmutter.

Der junge Geschäftsführer beklagt in einem Coaching, dass sein Schreibtisch extrem voll sei, er fast nur reagieren könne und kaum die Möglichkeit hätte, die Prozesse so voranzutreiben, wie es seinem eigenen Anspruch entsprechen würde. Dem Vorsitzenden hingegen gelinge dies sehr gut.

Die ausführliche Analyse des systemischen Rankings brachte eine amüsante Anekdote zum Vorschein. Befragt, wie die sechs Geschäftsführer am Konferenztisch sitzen würden und wie eine typische Sitzung ablaufen würde, antwortete er: Der Vorsitzende sitze immer am Tischende, während die anderen Geschäftsführer sich an den Seiten verteilen würden. Einmal hätte er sich aber auch an das Kopfende gesetzt: Da sei es dann etwas eng gewesen![31] Sein Ranking wurde eindeutig mit dem zweiten Platz im neuen System bestätigt. Dies bot ihm viele Möglichkeiten, seinen Einfluss geltend zu machen. Zum Beispiel auch dadurch, dass er große und weit reichende Entscheidungen nicht komplett allein an seinem Schreibtisch löste, wie es seiner Art entsprach, sondern diese in Vieraugengesprächen mit dem Vorsitzenden der Geschäftsführung vorher besprach. Dieser wiederum hatte die richtige Angewohnheit, täglich mit seinem Aufsichtsratsvorsitzenden zu sprechen, und beide waren Männer der schnellen Entscheidung. So löste sich der Arbeitsstau auf dem Schreibtisch des jungen Geschäftsführers in überraschend schnellem Tempo.

Wie bestimmt man nun das systemische Ranking und seinen eigenen Rangplatz? In einer früheren Fallstudie wurden hierfür bereits einmal folgende zehn Elemente als die bestimmenden Einflussfaktoren herausgearbeitet:

1. Das Lebensalter (als Summe aus Erfahrungen)
2. Die Fachkompetenz
3. Der IQ
4. Der EQ (emotionaler Quotient) im Sinne der Sozialkompetenz
5. Die Kommunikationskompetenz als weiterer wichtiger Bestandteil der Sozialkompetenz

---

[31] Dem Kenner des systemischen Prinzips macht diese Anekdote deutlich, dass ein solches Verhalten durchaus riskant sein kann. Wer sich systemisch Vorteile herausnimmt, die ihm nicht zustehen, reduziert sein systemisches Punktekonto. Ein kleiner Fehler wird verziehen, wenn das Konto gut gefüllt ist. Ein großer Fehler kann bei einem schlecht gefüllten Konto sogar zu einem Ausschluss aus dem System führen, nämlich dann, wenn der Kontostand deutlich ins Minus rutscht.

6. Die Kapitalbeteiligungsverhältnisse
7. Die Erfolgsbeiträge in der Vergangenheit
8. Die Erfolgsbeiträge in der Gegenwart
9. Die hierarchisch definierten Machtverhältnisse in einem Unternehmen
10. Die auf bestimmten Beziehungsmustern aufbauenden Machtverhältnisse in einem Unternehmen

Nun können wir anhand der vorherigen Fallstudie überprüfen, welche dieser Faktoren ebenfalls Gültigkeit haben. Vorab kann das Element Beteiligung weggelassen werden, da es sich bei den Geschäftsführern um abhängig Beschäftigte handelt.

Die Analyse des systemischen Rangplatzes des jungen Geschäftsführers ergab nach wenigen Minuten, dass er entweder auf dem zweiten oder dritten Platz liegen würde. Die Geschäftsführer Nummer vier bis sechs übten wenig Einfluss aus, waren mehr für Backofficefunktionen verantwortlich und blieben insgesamt mehr im Hintergrund. Die feinere Analyse, wer den zweiten Platz einnehmen würde, entwickelte sich zum Kopf-an-Kopf-Rennen zwischen dem jüngeren Geschäftsführer und einem älteren Kollegen, der zuvor in der anderen Gesellschaft Sprecher der Geschäftsführung gewesen war und aus dieser hierarchischen Position heraus die geborene Nr. 2 gewesen wäre. Ferner war er älter und brachte durch einige andere Besonderheiten noch weitere systemische Gewichte in die Waagschale: So war er ein sehr gut ausgebildeter Jurist, hatte ein absolut sicheres rhetorisches Auftreten und war insgesamt eine positiv beeindruckende Persönlichkeit, wie der jüngere Geschäftsführer ausführte. Dennoch hatte es der jüngere von beiden geschafft, auf den zweiten Rangplatz zu kommen. Hierbei spielten insbesondere eine Rolle die Erfolgsbeiträge in der Gegenwart und die Kommunikationskompetenz. In jeder Sitzung der Geschäftsführer vollzog sich nämlich folgendes Muster: Der jüngere Geschäftsführer brachte viele fachliche Themen in die Sitzung mit ein, die er geschickt mit dem älteren Kollegen offen und transparent in der Sitzung abstimmte. Er fragte ihn um seine Meinung und erhielt zu den anstehenden Themen immer eine positive Zustimmung – sei es, dass er die Themen hervorragend vorbereitet hatte, oder sei es aus anderen Gründen. Daraufhin wurde in der Sitzung so entschieden wie vorgetragen. Mit anderen Worten hatte der Jüngere von beiden die Führung übernommen, die ihm auch überlassen wurde.

Auch die ausführliche Analyse der zweiten Fallstudie bestätigte einerseits die Liste der Einflussfaktoren und ergab andererseits kein neues Element. Nun liegt hier die Frage nahe, ob die aufgelisteten Faktoren grundsätzlich unterschiedliche Gewichte ausüben. Nach meinen Erfahrungen kann ich annehmen, dass die Faktoren alle einen maßgeblichen Einfluss ausüben. So kann es sein, dass ein Faktor alle anderen dominiert. Ein Beispiel: Wer die Kapitalmehrheit hat, kann aufgrund dieser gesellschaftsrechtlichen Sonderstellung seine Entscheidungen juristisch durchdrücken. Dies gilt aber auch für andere Faktoren: So kann eine absolut überragende Fachkompetenz eines Systemmitglieds, möglicherweise gepaart mit einer hohen Intelligenz, auf Mitstreiter treffen, die in diesen beiden Kriterien eine geringere Ausstattung vorliegen haben. Neben dieser Dominanzaussage eines oder mehrerer Elemente gilt, dass es einige Kriterien gibt, die weniger wichtig sind. So dürften die Erfolgsbeiträge der Vergangenheit tendenziell weniger wichtig sein als die der Gegenwart. Aber auch hier müssen die Gewichte miteinander verglichen werden: Ein großer Erfolg in der Gegenwart kann eine lange Misserfolgsserie der Vergangenheit noch nicht kompensieren. Hier stellt sich das System auf die Beobachtung ein und wird die Nachhaltigkeit überprüfen. Mathematisch könnte man formulieren: Jede Aktion bekommt ein Vorzeichen (ein Plus für Erfolg und ein Minus für Misserfolg) und ein Gewicht für das Ausmaß. Ferner werden diese Einheiten mit einem Zeitfaktor multipliziert, der geringer wird, je weiter die Aktion in der Vergangenheit liegt.

Die hierarchisch definierten Machtverhältnisse hingegen sind eher unwichtig; sie werden weit überkompensiert durch die über Beziehungen definierten tatsächlichen Machtverhältnisse, und diese wiederum sind Ergebnis der Sozialkompetenz der Funktionsinhaber. Das Fazit aus diesen Überlegungen lautet also: Die emotional und sozial bestimmten Faktoren haben einen Vorrang vor den rein fachlich unterlegten Elementen, sofern nicht juristisch verankerte Prinzipien alle »natürlichen«[32] systemischen Elemente außer Kraft setzen.

---

[32] Natürlich im Sinne von »den Erfolgsprinzipien der Natur gehorchend«.

6.

Konstituierende Merkmale eines sozialen Systems

Die Rolle der Erwartungen

War vor den Fallstudien der grundsätzliche Zusammenhang möglicherweise klarer als jetzt? Einmal scheiterte jemand, weil er zu mutig und zu sehr von seinen Kräften überzeugt war, ein anderes Mal führte genau das Gegenteil zum Exit. Wie lässt sich dieser scheinbare Widerspruch auflösen?

Hierbei ist auf die Zusammenhänge von Erwartungen auf der einen Seite und dem Eintritt von Situationen auf der anderen Seite abzustellen. Man kann idealtypisch drei Fälle unterscheiden:

A
○

B
─────────────────────────○────────────────────────

C
○

Die gerade Linie soll die Erwartungshaltung symbolisieren. Nun gibt es die Möglichkeit, die Erwartung genau zu treffen (Fall B): Dann ist man zufrieden oder zumindest neutral eingestellt, weil man diesen Zustand ja genau erwartet hat. Übertrifft man die Erwartungen (Fall A), steigert sich die Zufriedenheit, und es können ganz besondere Glücksmomente entstehen. Umgekehrt ist man enttäuscht (Fall C), wenn die Erwartungen nicht erfüllt werden.

Wird dieses Prinzip nun auf das Verhalten von Menschen angewendet, so lassen sich drei Typen von Menschen unterscheiden:

- Fall A: Mehr Schein als Sein. Ein solcher Mensch nimmt seinen Mund zu voll und kann seine Aussagen nicht erfüllen. Da andere Menschen dies spätestens im Zeitpunkt der Realisierung erkennen, wird er an Achtung verlieren. Man wird ihn als jemanden einschätzen, der sich selbst überschätzt und ein »Dampfplauderer« ist: heiße Luft und nicht viel dahinter.
- Fall B: Die authentische Persönlichkeit. Der Mensch hält seine Versprechen ein. Er ist zuverlässig. Diesem Menschen wird sehr viel Achtung zuteil werden.
- Fall C: Mehr Sein als Schein. Im umgekehrten Fall in Bezug auf A liegt hier ein Verhaltensmodell vor, dass jemand sein Licht unter den Scheffel stellt, sich also kleiner macht, als er tatsächlich ist. Er wird wohl eher vorsichtig und umsichtig agieren, und es gelingt ihm dann, tatsächliche Leistungen zu bringen, die oberhalb der zuvor getroffenen Einschätzung liegen. Auch dieser Mensch wird von anderen geachtet; aber man erkennt auch sein Muster, dass er sich eher zu wenig zutraut und wohl zu bescheiden auftritt. Hier lautet dann das Urteil seiner Mitmenschen: Der könnte mehr!

Nun gibt es keine festgelegte Gerade für alle Lebenssituationen, sondern ein äußerst variables und vielschichtiges Kontinuum von Erwartungen. Wie erkennt man nun, an welchen Erwartungen man sich ausrichten sollte?

Ein Modell, das hier eine gute Möglichkeit der Erklärung bietet, ist das Wertequadrat, das im Folgenden beschrieben werden soll; denn letztlich fußen die Handlungen von uns Menschen auf unseren inneren Werten. Der in einem System entscheidende »Gorilla«, das Alpha-Tier, gibt seine Wertestruktur vor, die durch die weiteren Mitglieder des Systems aufgegriffen, beachtet und leicht differenziert wird. Zum einen deshalb, weil man Werte nicht mathematisch genau definieren und messen kann und das Erkennen und genaue Abbilden schon allein deshalb nicht möglich ist, zum anderen, weil jeder Mensch wiederum die eigene Individualität in das gegebene System einbringen möchte.

Ein wichtiges Prinzip dabei ist das Erkennen! Und erkennen erfordert: genau hinschauen, hinhören, wahrnehmen, beobachten, analysieren, erfragen, hinterfragen, spiegeln, Feedback einholen, die wirklich wichtigen Themen (Welche Erwartungen gibt es? Welche Werte stehen dahinter?) zum Thema machen, auf der Metaebene der Kommunikation miteinander sprechen.

Wertequadrat

Um die in einem System ausgeprägten Werte besser erkennen und die feinen Unterschiede zwischen den einzelnen Werten besser einschätzen zu können, eignet sich das Modell des Wertequadrats (nach Hellwig). Es ist ein dialektisches Modell, weil es die polare Ausprägung von Welt beschreibt.

Ein Beispiel: Im Umgang mit Geld gibt es für Eigenschaften, die jeweils polar miteinander verknüpft sind: sparsam, großzügig, geizig, verschwenderisch.

sparsam   großzügig

```
┌─────────────────────────────────┐
│                                 │
│                                 │
│      Umgang mit Geld            │
│                                 │
│                                 │
└─────────────────────────────────┘
```

geizig   verschwenderisch

In europäischen Kulturkreisen würde man die beiden oberen Begriffspaare als einen positiven Wert ansehen; denn es wird beispielsweise als vorteilhaft angesehen, großzügige Geschenke zu machen oder mit Ressourcen sparsam umzugehen. Die beiden unteren Begriffspaare sind die Übersteigerungen der positiven Werte, die sich ins negative Gegenteil umkehren. Auf der oberen Seite des Wertequadrats stehen also die polaren Gegensätze der positiven Werte und auf der unteren Seite diejenigen der negativen Werte. Das Wertequadrat spiegelt sprachlich die Polarität der Welt. Unsere Welt ist aus Gegensatzpaaren komplementär zusammengesetzt: hell – dunkel, laut – leise, heiß – kalt, etc. Jeder Aspekt der Wirklichkeit besteht nur dadurch, dass es einen Gegenspieler gibt.

Besonders interessant an diesem Wertequadrat ist die Tatsache, dass es sich hervorragend dafür eignet, die Quellen von Konflikten zwischen Menschen zu analysieren. Wenn Menschen unterschiedliche Werteauffassungen haben, ergeben sich daraus Meinungsverschiedenheiten, die dann zu Konflikten führen können, wenn die Werteauffassungen weit auseinander liegen und nicht offen gelegt werden. Dieser Zusammenhang ist für die Werteanalyse innerhalb von Systemen von hoher Bedeutung; denn manchmal können schon kleinere Wertedifferenzen zu beträchtlichen Meinungsunterschieden führen und Konflikte entstehen lassen.

Ein Fallbeispiel hierzu: Zwei Freunde gehen zusammen zum Abendessen. Beide haben dieselbe Rechnung über 26,60 Euro. Einer der beiden (A) rundet den Betrag auf 27 Euro auf, der andere (B) auf 30 Euro. Beide sprechen nicht darüber. So könnte A der Auffassung sein, dass sein Freund B (der sich selbst als großzügig empfindet) verschwenderisch mit Geld umgeht. 3,40 Euro oder nach Umrechnung in DM sogar fast 6,80 DM Trinkgeld wird auf der Werteskala von A als zu viel angesehen, da er selbst ja nur 0,40 Euro gegeben hat. Sein Freund B hat immerhin das 8,5-fache an Trinkgeld gegeben! Umgekehrt könnte B der Auffassung sein, dass A (der sich für sparsam) hält, geizig war. Wäre der Rechnungsbetrag 28,70 Euro und A gibt 29 und B 30 Euro, würden sich beide gegenseitig vielleicht als sparsam und großzügig einstufen.

Aus der eigenen Sicht und abgeleitet von der eigenen Werteauffassung wird derjenige, der weit vom eigenen Wert entfernt ist, möglicherweise in den Bereich der negativ übersteigerten Werte eingeordnet. Klarheit hierüber wird nur dann eintreten, wenn über die Werte gesprochen wird; denn nur ein Gespräch bietet die Möglichkeit, die Wirklichkeitskonstruktion des anderen zu verstehen und gegebenenfalls zu verändern:

A wundert sich über das verschwenderische Verhalten von B und spricht ihn darauf an.»3,40 Euro Trinkgeld?« Körpersprachlich mit erstaunt hochgezogenen Augenbrauen unterstrichen.

B nickt und sagt:»Ja, das ist ganz schön viel. Normalerweise gebe ich nicht so viel Trinkgeld. Aber heute habe ich beschlossen, eine Ausnahme zu machen. Weißt du noch, dass jeder Platz im Lokal besetzt war, als wir hereinkamen? Unsere Bedienung kam auf uns zu und sagte, dass sie uns gleich einen Tisch anbieten könnte, weil andere

Gäste am Gehen waren. Das fand ich richtig toll. Außerdem war das Restaurant brechend voll, und sie hat es geschafft, uns sehr zügig zu bedienen. Alles hat bestens geklappt. Erst letzte Woche hatte ich mich in einem anderen Restaurant über den schlechten Service geärgert, und heute fand ich ihre Art und Weise, uns zu bedienen, außergewöhnlich gut. Das wollte ich honorieren. – Und außerdem«, fügte er mit einem Augenzwinkern hinzu, weil er sieht, dass sein Freund immer noch nicht überzeugt zu sein scheint, »sieht sie total gut aus und hat ein bezauberndes Lächeln. Ich bin ja Single. Wer weiß, vielleicht kann ich mich ja mal mit ihr verabreden.«

Das einleitende Beispiel kann auf viele menschliche Situationen und Eigenschaften bezogen werden, denn hinter den Werten »sparsam« und »geizig« liegen Mengengerüste. So kann man mit Worten eher sparsam oder großzügig umgehen, sodass sich die kommunikativen Fähigkeiten anhand des Wertequadrats abbilden lassen:

wenig   viel
prägnant   redefreudig

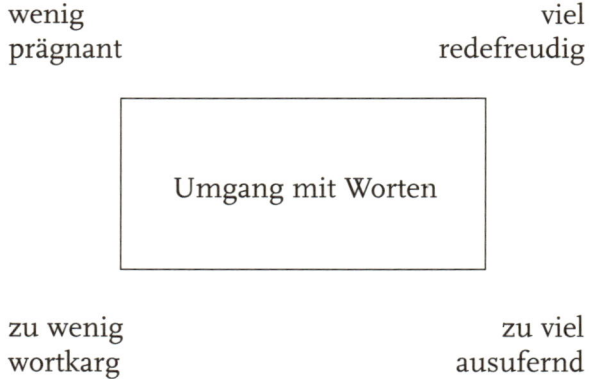

Umgang mit Worten

zu wenig   zu viel
wortkarg   ausufernd

Ein Sprecher kann seine Ansichten zu einem Thema kurz und prägnant wiedergeben. Er macht nur sparsam Gebrauch von

Worten, während eine andere Person sehr eloquent und rede-freudig ist. Wird ein Mensch zu einsilbig, wortkarg oder mund-faul, so wird dieses oft ebenso negativ angesehen wie das andere Gegenteil des ausufernden, nicht auf den Punkt kommenden Schwätzers.

Ein weiteres, letztes Beispiel soll die hervorragenden Inter-pretationsmöglichkeiten des Wertequadrats illustrieren: Auch die Aggressivität von Menschen, das Wort »aggredere« im lateinischen Sinn (vorangehen, voranschreiten), lässt sich so abbilden:

wenig   viel
sanftmütig, zurückhaltend   aktiv, forsch

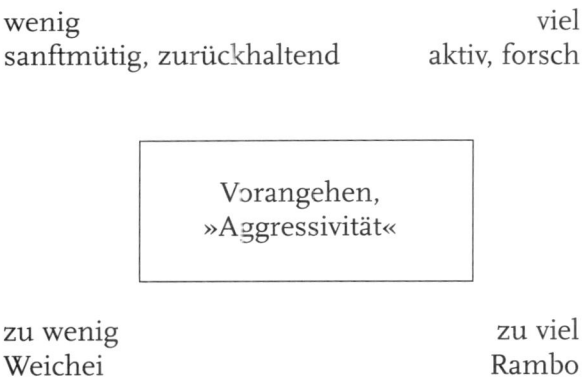

Vorangehen,
»Aggressivität«

zu wenig   zu viel
Weichei   Rambo

Immer werden also unterschiedliche Wertepositionen unter-schieden. Am Beispiel des »Vorangehens«: Sanftmütigeren und eher zurückhaltend agierenden Menschen kann dann ein eher forscher und sehr aktiver Mensch als draufgängerischer Rambo erscheinen, während umgekehrt die aktiveren Men-schen die etwas zurückhaltenderen als Weicheier apostrophie-ren.

Anhand des Wertequadrats lassen sich so extreme Haltun-gen wie die Ausländerfeindlichkeit (»Was nicht meine Werte sind, das verstehe ich nicht, das akzeptiere ich nicht und lehne ich ab!«), das Entstehen von kleineren Konflikten (»Ich sehe das aber anders als du) oder größeren Unterschieden in der Auffassung von richtig oder falsch (Parteien, Regierung versus Opposition) bis hin zum Entstehen von Kriegen gut nachvollziehen und verstehen. Wie lernt man nun den Umgang mit diesem Wertequadrat? Zunächst sollte man sich darin schulen, dialektisch zu denken: Dialektik kann man lernen.[33] Ferner vermittelt folgende Fallstudie einen Eindruck, wie man dieses Modell nutzbringend in der Praxis zu seinem Vorteil einsetzen kann. Sie kennen bestimmt Menschen, die Sie selbst als eher zu aggressiv einstufen. Haben Sie sich schon einmal überlegt, diesen Eindruck zurückzuspiegeln? Vielleicht dann, wenn Sie die Führungsverantwortung für einen solchen Mitarbeiter haben. Aber auch dann, wenn es sich bei diesem Menschen um einen Kollegen oder gar Ihren Vorgesetzter handelt? Hier dürfte sich das Gorilla-Prinzip unter gewissen Umständen so auswirken, dass Sie ein solches Verhalten eher unterlassen.

Nutzt man hingegen das Wertequadrat als kommunikatives Modell, so kann einem Menschen, der anderen als zu aggressiv erscheint, dieses Feedback in der Form vermittelt werden, dass er sich auf der positiven Seite des Quadrats wieder findet.

Ein Seminarleiter war an einem Tag nur sehr halbherzig dabei. Er wirkte in sich gekehrt und reagierte auf jede Frage, die von seinem Fahrplan abwich, gereizt und genervt. Die Spannung stieg im Laufe des Seminars immer weiter, bis sie schließlich eskalierte. Ein Teilnehmer bat um Beantwortung einer Frage. Der Seminarleiter stand mürrischen Gesichts einfach auf und verließ, ohne ein Wort zu sagen, den Raum.

Die Teilnehmer waren irritiert und nutzten die Pause, sich über sein Verhalten zu besprechen. Man war sich

---

[33] Ein Einstieg kann zum Beispiel darin bestehen, das Buch »Dialektik für Manager« von Rupert Lay zu lesen.

einig, dass man es nicht tolerieren wollte, und wollte ihn nach seiner Rückkehr zur Rede stellen. Die Situation war sehr angespannt. Es baute sich ein Schulterschluss der gesamten Gruppe auf, die sich einhellig beim Seminarleiter beschwerte. Ihm wurde vorgeworfen, dass er nicht bei der Sache sei und äußerst mürrisch und aggressiv auf jede Frage oder Bitte reagieren würde. Er verteidigte und rechtfertigte sich und nahm die Kritik nicht an. Ein Teilnehmer moderierte dann die Diskussion in der Form, dass er die kritischen Stimmen anhand des Wertequadrats erörterte. So gelang es, allen Beteiligten gerecht zu werden. Auch der Seminarleiter brachte zum Ausdruck, dass er sich nun in der Kritik wieder finden würde und sie annehmen könne.

Generell ist es also möglich, jedes menschliche Verhalten oder jede Eigenschaft im Sinne dieses Quadrats so zu beschreiben, dass die positiven Anteile daran deutlich werden. Oder noch drastischer ausgedrückt: In jeder Schwäche liegt kontextbezogen auch eine Stärke.

Als ein weiteres Beispiel, dass die Struktur dieses Wertequadrats verdeutlicht und Ihnen die Handhabung erleichtert, soll die Gauß'sche Verteilungskurve mit ihren verschiedenen Ausprägungen (gleich verteilt oder rechts schief und links steil oder in anderen Formen) herangezogen werden. Verteilungen sind ein Spiegel für viele Merkmalsausprägungen. So ist zum Beispiel die Intelligenz von Menschen weitestgehend gleich verteilt oder die Verteilung der Größe von Menschen. Wenn man beide Modelle miteinander verbindet, so lassen sich auf der linken Achse der Abszisse die schwächer ausgeprägten positiven Werte und auf der rechten Seite die stärker ausgeprägten positiven Werte abtragen. In einem mittleren Bereich liegen dann die Ausprägungen, die als »normal«, also der Norm entsprechend, eingeordnet werden können, während weiter außen die eher »extremen« Aussagen abgetragen werden, die dann ins Negative umschlagen. Jeder Mensch würde die Punkte auf dieser Kurve anders setzen, eben seinen individuellen Werten entsprechend. Das Quadrat zur Aggressivität sähe dann wie folgt aus:

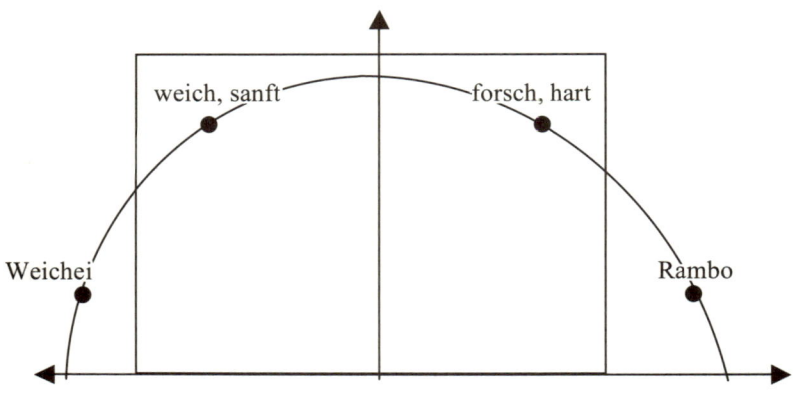

Dialektisches Denken ist die Voraussetzung dafür, dass man sich von seinem eigenen Weltbild befreien und ganz auf das Weltbild des anderen Menschen einstellen kann. Hierfür ist es erforderlich, die vom anderen erlebte Situation so zu verstehen, dass sie in das Wertekontinuum der Möglichkeiten eingeordnet wird. Gleichzeitig muss verstanden werden, welche Bedeutung der andere Mensch der Situation beimisst und warum sie für ihn positiv oder negativ ist. Hierbei kann das Wertequadrat eine unschätzbare Hilfe leisten.

Jede Situation trägt alle Interpretationsmöglichkeiten in sich. Es ist immer eine Folge der Wirklichkeitskonstruktion, wie jeder einzelne Mensch eine Situation bewertet. Die folgende Geschichte aus dem Zen zeigt dies auf besonders schöne Art und Weise:

Es war einmal ein alter Mann. Er war schon etwas gebrechlich, hatte aber für die Verhältnisse im Dorf ein schönes

Haus, ein gutes Stück Land und einen jungen kräftigen
Sohn, der das Land bestellte. Außerdem hatten sie ein Pferd.
Und die Leute im Dorf sprachen:»Du hast es gut.
Du hast
einen kräftigen Sohn, du hast ein schönes Stück Land, und
ihr habt ein Pferd.« Der alte Mann pflegte daraufhin zu
sagen:»Ja, kann sein. Ich kann es aber auch anders sehen.« Dem alten Mann lief eines Tages das Pferd davon.
Die Leute im Dorf klagten:»O weh, dein Pferd ist davon-
gelaufen. Wie schrecklich!« Doch der Mann zuckte nur die
Achseln und sagte:»Kann sein, kann auch nicht sein.« Am
nächsten Tag kehrte sein Pferd zurück mit zwei Wildpfer-
den im Gefolge. Die Leute im Dorf freuten sich und sagten:»Schau, nun hast du drei Pferde. Was für ein Glück du
hast.« Der Mann aber zuckte nur die Achseln und sagte:
»Kann sein, kann aber auch nicht sein.« Am nächsten Tag
versuchte sein Sohn eines der Wildpferde zu zähmen; dabei stürzte er und brach sich ein Bein. Die Leute im Dorf
sagten:»Nein, so was. Nun hat dein Sohn ein gebrochenes
Bein und kann monatelang das Feld nicht bestellen. Was
für ein großes Unglück!« Doch der Mann zuckte nur die
Achseln und sagte:»Kann sein, kann aber auch nicht sein.«
Am nächsten Tag zog das Heer des Königs durch das Dorf,
um alle wehrfähigen jungen Männer einzuziehen, weil der
König dem Nachbarland den Krieg erklärt hatte.

7.

Wege zum Erkennen der eigenen und fremden Werte

Nach der Erläuterung dieser Modelle zu den Erwartungen und Werten kann der vorherige Faden wieder aufgegriffen werden. Ein Beispiel: Ein sehr mutiger Vorstandsvorsitzender (VV) verschiebt die Werteskala für Mut nach rechts und fordert von seinen Führungskräften erheblich mehr davon als umgekehrt ein eher vorsichtig und bedächtig agierender VV, der möglicherweise den Mut seiner Kollegen vielleicht sogar als Bedrohung erleben könnte. Die Fähigkeit oder geradezu Kunst der einzelnen Führungskraft besteht darin, sich genau auf diese Werteskala einrichten zu können und die eigene Leistungsfähigkeit daran auszurichten.

Fallbeispiel: Ein Vorstandsvorsitzender agiert sehr großzügig im Bereitstellen von Freiheitsgraden. Er stellt einen neuen Chefsyndicus ein, der in einem früheren Unternehmen auch die Verantwortung für die Personalabteilung innehatte. So wird das Verantwortungsgebiet auch im neuen Unternehmen entsprechend gestaltet, weil sich die Möglichkeit dazu bot.

Der Leiter Recht und Personal reüssiert aber nur im Ressort Recht. Dort überarbeitet er akribisch die Rechtsabteilung des Unternehmens, betreibt ein intensives Insourcing der bisher zu einem großen Teil nach außen delegierten Prozesse und spart dem Unternehmen viel Geld. Im Bereich Personal arbeitet er genauso gewissenhaft und akribisch, was letztlich dazu führt, dass er sich intensiv um Projekte der Kategorie B und C kümmert. Jedoch seine wichtigsten A-Prioritäten kommen dabei immer mehr zu kurz. Er bekommt mehrfach ein entsprechendes Feedback seitens des Vorstandsvorsitzenden und auch die Möglichkeit, zu mehreren Coachinggesprächen, die er gern annimmt. Dort werden die unterschiedlichen Wertestrukturen herausgearbeitet. Der Coachee kann diese Zusammenhänge erkennen und annehmen. Eine Verhaltensumstellung ist ihm aber nicht möglich, obwohl er sie versucht. Seine gesamte Persönlichkeit ist die eines akribischen und mit hoher Ethik und hohem Ehrgefühl ausgestatteten Juristen, der jeden Paragrafen, jede Fußnote und jeden Kommentar möglichst perfekt ausarbeitet, aber nicht die visionäre Großzügigkeit des Vorstandsvorsitzenden mit seiner Werteskala vereinbaren kann.

Dieses Beispiel macht deutlich, dass zwei Personen, die sich nach Meinung Dritter beide durch äußerst positive Werte beschreiben lassen, dennoch nicht zusammenarbeiten können, weil die vertretenen Werte zu verschiedenartig sind. Eine der hieraus abzuleitenden Lernerfahrungen für den Juristen lautet: Personal nur dann zu verantworten, wenn er einem Vorstand zuarbeitet, der eher mit »kleinen«, akribisch auszuführenden Projekten einverstanden ist, oder auf das Ressort Personal zu verzichten.

Wie erkennt man nun aber die eigenen Werte und die Werte von anderen Menschen? Damit dies möglich ist, müssen mehrere Voraussetzungen erfüllt sein:

• Kenntnis der theoretischen Zusammenhänge
• Realitätsdichtes Selbstbild von der eigenen Person
• Training der eigenen Wahrnehmungen

- Gut ausgebildete Menschenkenntnis und Empathie
- Sinnvoll gebildete Interpretationen zu zwischenmenschlichen Interaktionen
- Überprüfung dieser Interpretationen

Ein realitätsnahes Selbsbild von der eigenen Person verlangt die Erfüllung mehrerer Voraussetzungen:

- Selbstreflexion: Ein Mensch muss in der Lage sein, über sich selbst nachzudenken. Er muss das Ziel haben, sich immer besser und besser verstehen zu können.
- Wahrnehmungen: Da die Selbsterkenntnis von Menschen im Spiegel des Verhaltens anderer Menschen stattfindet, ist es wichtig, sich selbst darin zu schulen, in diesen »Spiegel« zu schauen und das dort entstehende Bild zu verstehen.
- Bereitschaft zu Annahme von Feedback: Aus dem Feedback von anderen Menschen zu uns selbst lernen wir, wie wir von anderen gesehen werden. Dies öffnet weitere Teile der Selbsterkenntnis.
- Kritikfähigkeit: Da Feedback oft auch Anteile enthält, die unserem vielleicht zu positiven Selbstbild nicht entsprechen, ist es erforderlich, solche kritischen Elemente auch anzunehmen und nicht von vornherein abzulehnen.

Wenn nun die bisher beschriebenen Elemente zusammengefügt werden, so lautet die Aussage zusammengefasst:

Scheitern durch mangelndes Erkennen und Berücksichtigen der in einem System gelebten Werte

Wie erkennt man als Neuzugang aber die vorhandene Werteausprägung in einem System, solange man diese nicht von der Spitze mit aller Rückendeckung dieser Welt prägen kann? Nur durch Langsamkeit, Achtsamkeit und Aufnahmebereitschaft. Der adäquate Weg hierzu lautet: Der Neue muss sich in Demut hintanstellen! Was heißt das genau? Muss der neue Vorstand in einem Unternehmen den kompletten Weg durch die Hierarchie gehen und von allen akzeptiert werden? Nein, das heißt es nicht. Für jeden Menschen gilt ein Systemumfeld, das aus nur wenigen Personen besteht. Innerhalb dieses Teilsystems muss es zu einer Stimmigkeit in der temporalen Entwicklung zwischen potenzieller und tatsächlicher Systemeinordnung kommen.

Folgendes Beispiel soll dies verdeutlichen. In einem früheren Kapitel wurde aufgezeigt, dass sich die wahre Hierarchie nach den systemischen Spielregeln ergibt, sodass die tatsächlich ausgeprägte Hierarchieform von der klassischen Aufbauorganisation und dem Organigramm im Unternehmen abweicht.

Der Fall Nummer fünf des »Hollywood-Schauspielers« soll nun anhand dieser Zusammenhänge noch einmal vertiefend behandelt werden. Hierbei wird deutlich, dass in diesem Prozess des Scheiterns möglicherweise nur vier Personen eine Rolle spielten. Die systemische Hierarchie des Unternehmens im Fallbeispiel fünf sah zum damaligen Zeitpunkt wie folgt aus:

Reale Position		Pseudo-Position
I	Vorsitzender des Vorstands	
2	Vorstand 2	
3	Sekretärin des Vorsitzenden	
4	Bereichsleiter 1	
5	Bereichsleiter 2	
6	Vorstand 3	
7	Bereichsleiter 3	
8	Bereichsleiter 4	
9	**Bereichsleiter 5**	I
10	Bereichsleiter 6	

Die linke, hellgraue Seite des Organigramms: Ganz klar und äußerst mächtig in der absoluten Alpha-Position: der Vorsitzende. Dann folgt mit einem gewissen Abstand, aber eindeutig auf Platz zwei, ein weiteres Mitglied des Vorstands. Beide haben einen sehr guten Schulterschluss und gehen hervorragend miteinander um. Als Nächstes folgt die Sekretärin des Vorsitzenden: eine kluge und sehr mutige junge Frau. Auf den nächsten beiden Plätzen folgen zwei Bereichsleiter, die im Unternehmen eine hohe Wichtigkeit haben. Sie liegen im systemischen Ranking noch vor dem dritten Vorstand, dessen Performance zu wünschen übrig lässt. Der neu eingestellte Bereichsleiter (Mister Hollywood) würde potenziell von seiner Verantwortung her und von der vermuteten Stärke seiner Persönlichkeit her wahrscheinlich die Position des Bereichsleiters fünf einnehmen, also den neunten Rangplatz im Unternehmen: in der obigen Darstellung der systemischen Hierarchie (Systemogramm) durch Fettdruck gekennzeichnet.

Die rechte, dunkelgraue Seite des systemischen Organigramms: Hier kann nun mit systemischem Blick das Geschehen analysiert werden. Der neue Bereichsleiter ist durch sein Verhalten (öffentliche Kritik der beiden Bereichsleiter eins und zwei auf den Rangplätzen vier und fünf) selbst unter Beschuss geraten. Wenn man genau hinschaut, dann erkennt man, dass sein Verhalten »Amtsanmaßung« war: Er hat sich in seinem tatsächlichen Verhalten sogar oberhalb des Vorsitzenden des Vorstands gestellt, weil er dessen »großzügigeren« Führungsstil konterkariert hat.

Vermutlich haben vier Personen mitgewirkt, den Exit in Gang zu setzen und zu beschließen: die beiden betroffenen Bereichsleiter, der Vorsitzende und sein Kollege im Vorstand, mit dem er dieses Vorgehen abgestimmt haben dürfte. Vermutlich wurde der weitere Vorstand auf dem fünften Rangplatz, an den der Bereichsleiter berichtete, dann vor vollendete Tatsachen gestellt: Dessen vermutliches heftiges Veto, weil er seinen Mann halten wollte und ihm in der Sache der Kritik sicherlich zugestimmt hat, war letztlich ohne Bedeutung.

Hintanstellen in diesem Kontext heißt: Der neue Bereichsleiter muss genau seinen Platz in der Hierarchie kennen, der ihm tatsächlich gebührt. Das System spürt sehr genau, welches der richtige Rangplatz ist. Insofern ist der Neuzugang immer gut beraten, sich in seinem individuellen System, das er zu Beginn ja überhaupt nicht kennt, hintanzustellen. Dann sollte er genügend sensibel erspüren, welches sein Rangplatz ist. Dies geschieht eher durch Vorsicht, Langsamkeit, Beobachten, Wahrnehmen, Analysieren etc. als durch forsches und vorschnelles Agieren.

Der Neuzugang hatte hier noch einen weiteren Fehler gemacht: Seinem Coach berichtete er, dass er seinen Vorstand, den er auch als »schwach« positioniert spürte, »stark« machen wollte. Also hatte er einerseits ein tiefes inneres Gespür für das tatsächliche systemische Ranking. Sein geplantes Verhalten, seinen Vorstand stark zu machen, hört sich auf den ersten Blick loyal an, was im Grundsatz ja auch vollkommen richtig ist. Gleichzeitig war dies andererseits aber erneut eine Überschätzung seiner eigenen Kräfte und Kompetenzen; denn damit hat er sich auch über ihn gestellt.

Dieses Beispiel soll im Folgenden noch einmal generalisiert werden. Für jeden Menschen gibt es in der Aufbauorganisation ein systemisches Umfeld, das für ihn und seinen Erfolg entscheidend ist. Auch hier gibt es ganz klare Prinzipien, die sich auch anhand des vorgenannten Beispiels in Teilen ableiten lassen.

Der wichtigste Bezugspunkt ist zunächst der Vorgesetzte. Das erfordert das Prinzip der Loyalität. Ist der Vorgesetzte aber wie im vorherigen Fall nicht mit der systemisch richtigen Stärke ausgestattet, kommt die jeweilige Führungskraft in einen tiefen Konflikt. Das kann am Beispiel des Bereichsleiters zwei verdeutlicht werden. Dieser war im Ressort des Vorstands drei. Er spürte genauso die »schwache« Position seines Vorgesetzten und machte genau dieses Thema auch zum Gegenstand seiner Coachinggespräche. Einerseits wollte er seinem Vorgesetzten gegenüber loyal sein, andererseits sah er den drohenden Konflikt voraus, dass man sich möglicherweise von diesem Vorstand trennen würde. Also entschied er nach ausgiebiger Analyse der Situation mit seinem Coach, den Versuch einer doppelten Loyalität zu wagen. Das scheint ein schwieriger Weg zu sein, weil er in der Tat recht komplex ist. Wenn man die Rahmenbedingungen dieses Weges aber kennt und genau beachtet, dann wird ein solcher Weg gelingen. An späterer Stelle dieses Buches wird das Verfahren der doppelten Loyalität ausführlich dargelegt: das Prinzip des reitenden Boten.

Im Nachgang zu dieser älteren Fallstudie kann berichtet werden, dass die systemischen Zusammenhänge sich prognosegemäß entwickelt haben. Der Vorstand drei musste gehen und wurde nicht ersetzt. Die Bereichsleiter eins und zwei wurden zu Mitgliedern der Geschäftsleitung ernannt. Der Bereichsleiter zwei wechselte das Lager, wurde funktionell aufgewertet durch Übernahme einer weiteren Verantwortung und berichtet seitdem an den Vorsitzenden.

Generalisierend soll an dieser Stelle festgehalten werden, dass jede Führungskraft gut beraten ist, sich an der systemisch stärksten Person auszurichten: Das Gorilla-Prinzip wird also erneut bestätigt.

8.

Vom Wissen
um systemische Prinzipien

Das Wissen um systemische Prinzipien ist dann die entscheidende Voraussetzung für Erfolg, wenn das eigene Tun in Interaktion mit anderen Menschen stattfindet. Dabei kommt es auch darauf an, ob dieses Wissen in bewusster oder vielleicht nur unbewusster Form vorhanden ist. Bevor diese Unterscheidung näher erläutert werden soll, hier ein kleines Fallbeispiel:

Eine Szene auf dem Schulhof. Der Klassenprimus, 16 Jahre alt, sitzt in der Pause auf einer kleinen Mauer in der Sonne und sinnt seinen Gedanken nach. Plötzlich spürt er einen heftigen Schlag im Rücken, sodass er von der Mauer rutscht und zu Boden fällt. Wütend dreht er sich um und sieht dem Schulgorilla, 15 Jahre, einen ganz Kopf größer als er selbst, in das hämisch grinsende Gesicht. »Verpiss dich, das ist mein Platz!« Der Klassenprimus, rötliche Haare und viele Sommersprossen im Gesicht, wird feuerrot: Vor Wut? Vor Verzweiflung? Vor Scham? Wie in Zeitlupe studiert er das gefrorene Grinsen des Schulgorillas, ein Brocken von einem Kerl, dessen platte Nase auf einige gewonnene Kämpfe schließen lässt. Er ballt die Fäuste und sagt sich: Der Klügere gibt nach. Mit einem Schulterzucken wendet er sich ab.

Intelligenz obsiegt? Das Recht des Stärkeren? Wie geht das Leben dieser beiden Menschen weiter? Der Klassenprimus wird vielleicht studieren, eventuell promovieren und dann in einem Beruf mit wissenschaftlichem Einschlag gute Leistungen erzielen. Ein nettes bescheidenes und intelligentes, aber vielleicht etwas unscheinbares Mädchen heiraten. Sein Einkommen wird sicherlich überdurchschnittlich gut sein. – Der Schulgorilla hingegen hat schon jetzt mit seinen 15 Jahren die ersten sexuellen Erfahrungen hinter sich, dealt schon mit Rauschgift, und man sagt ihm auch einige Autoeinbrüche nach. Er scheint sich auf einen schwunghaften Handel mit Autos spezialisiert zu haben. Die Rolex an seinem Handgelenk trägt er so, dass sie jeder sehen kann. In späteren Jahren gehört ihm vielleicht ein Autohof, er fährt immer unterschiedliche auffällige Autos und schleppt die heißesten Bräute ab. Sein Bankkonto wächst rasch auf große Beträge an.

Zurück zum Schulhof: Den Klassenprimus lässt dieses Erlebnis nicht ruhen. Einige Meter weiter hat ein nettes Mädchen diesen Vorfall beobachtet, für das er sich interessiert. Sein Eindruck ist, dass er von ihr nun als Schwächling eingestuft wird. Also schreibt er sich einige Tage später in einen Karatekurs ein.

Zwei Jahre später, erneut auf der kleinen Mauer im Schulhof sitzend, kommt der Gorilla wieder auf ihn zu. Der Klassenprimus ist achtsamer geworden und bemerkt dies rechtzeitig. Er steht auf, bevor der Gorilla ihn erreicht, und stellt sich ihm in den Weg. Mit festem Blick schaut er ihm in die Augen. Sein Körper ist gespannt. »Na? Wieder Lust auf deinen Stammplatz?« Dann grinst er ein wenig und formuliert: »Ich an deiner Stelle würde mich da nicht hinsetzen.« Er streckt ihm die geöffnete rechte Hand hin und beobachtet, wie der Gorilla die Stirn runzelt und leicht wütend wird. »Ein Vogel hat dort hingeschissen. Deine Jeans könnte dreckig werden. Dieser Service kostet dich einen Euro!« Der Gorilla ist verblüfft und muss nun auch grinsen. »Du bist okay.« Er klopft ihm leicht auf die Schulter und geht weiter. Der Klassenprimus setzt sich auf die Mauer und sieht, wie das nette Mädchen erneut diesen Vorfall beobachtet hat. Er geht auf sie zu und fragt sie, ob sie heute Nachmittag Lust hat, mit ihm einen Latte Macchiato trinken zu gehen. Sie sagt ja.

Man muss im Biologieunterricht noch nicht bis zu Darwin oder zu anderen Lehren durchgedrungen sein, um ein unbewusstes Gefühl von systemischen Zusammenhängen entwickelt zu haben. Schließlich lernen wir diese Prinzipien ja schon in der Familie. Es macht aber große Unterschiede, ob Wissen in unbewusster oder auch in bewusster Form gespeichert ist.

• **unbewusst:** Alle unbewusst ablaufenden Prozesse verfügen über eine große Stärke; schon allein deshalb, weil sie uns nicht bewusst sind. Die Amygdala und andere Gehirnregionen übernehmen die Kontrolle und steuern uns so, wie es den Prägungen im Unbewussten entspricht. Würde sich hier die Großhirnrinde einschalten und anfangen, diese Prozesse zu überdenken, würden Verzögerungen eintreten, die in gefährlichen Krisensituationen kontraproduktiv sein können.

So lange, wie mir meine unbewussten Vorgänge nicht bewusst sind, handle ich auch unbewusst. Dieses Handeln kann einerseits sehr kräftig und überzeugend ausfallen, wenn ich mir in dieser Handlung vertraue, es kann andererseits zögerlich ausfallen, wenn mein Vertrauen nicht so groß ist. Ein häufiges Durchführen dieser einen bestimmten unbewussten Handlung führt zu einem Trainingseffekt und zu einer Zunahme des Vertrauens. Was wiederum nicht heißt, dass mir mein Handeln bewusst ist: Es ist dann die Kombination von unbewusstem Handeln und Selbstvertrauen.

Nun kann es aber sein, dass ich immer wieder in dieselbe, aber falsche Richtung laufe, weil mir bestimmte Dinge überhaupt nicht bewusst sind. Siehe das obige Fallbeispiel

Nummer sechs aus einem Coaching: Der Marketingleiter, von seinem Persönlichkeitsbild her eher ein Technokrat denn ein Visionär, formuliert im Alter von 40 Jahren, dass er seit kurzer Zeit darauf achten würde, die Körpersignale seiner Kollegen zu beobachten. Bisher habe er das nicht gemacht. Das Gespräch mit ihm macht deutlich, dass er diesen nonverbalen Teil der Kommunikation auch überhaupt nicht berücksichtigt hat. Er war quasi »blind« dafür. Da es nun einige Theorien hierüber gibt, die nachweisen, dass dieser Teil sogar den größeren Einfluss hat, hatte dieser Mensch keinen Zugang zu ganz besonders wichtigen Informationsquellen. Er war davon abgeschnitten und hat folglich Situationen falsch eingeschätzt. Nun beginnt er mit seinen 40 Jahren einen neuen Lernprozess.

Das Fazit aus diesem Abschnitt heißt also: Wenn einem bestimmte Dinge nicht bewusst sind, verstärken sie unser Verhaltensmodell. Einmal in der richtigen Richtung, und wir werden immer stärker. Einmal in der falschen Richtung, und unser Fehlurteil wird somit auch immer ausgeprägter. – Ein weiteres Fazit lautet also, dass wir gut beraten sind, möglichst viel Feedback von unserer Umwelt anzunehmen, um die Menge unseres Wissens auszudehnen und die Menge unserer Vorurteile zu reduzieren.

• **bewusst machen:** Wenn es uns aber gelingt, unsere unbewussten Muster bewusst zu machen, dann kann ein Entwicklungsfortschritt stattfinden. Wir können neue Verhaltensweisen hinzulernen und unser Verhalten in neuen Situationen anders ausrichten. Ein häufig durchgeführtes Training eines neuen Verhaltens kann sich so einprägen, dass bei neuen und wiederum fast identischen Situationen dann das neue Muster die Oberhand übernimmt. Das Bewusstmachen ist ein Verstärker, weil unbewusste und bewusste Prozesse stärker gleich geschaltet sind und daher intensiver wirken: wie kohärente Lichtwellen (Laser) durch ihre Bündelung eine wesentlich stärkere Kraft ausstrahlen als normales Licht.

- **unbewusst + bewusst verankern:** Sind Muster in den Verhaltensabläufen in beiden Bereichen gleichermaßen verankert, dann kann die Reaktion noch kraftvoller erfolgen. Ein Beispiel: Wenn man unbewusst in manchen Situationen seiner Intuition folgt, aber zu diesem Muster auf der kognitiven Ebene keine Entsprechung hat, wird man vielleicht immer noch von Zweifeln gebremst: Soll ich jetzt wirklich auf meinen »Bauch« hören? Die letzten Male ging es gut. Aber warum hat es eigentlich funktioniert? – Wenn aber das Wissen, warum dieses Muster funktioniert, vorliegt, dann kann sehr kraftvoll und überzeugend agiert werden. Kopf und Bauch sind sich dann einig: Man agiert stimmig, authentisch und besonders überzeugend.

Bestimmte Gefühle in uns sind verantwortlich dafür, dass wir in unseren Mustern bleiben. Das stärkste Gefühl ist die Angst: die Angst zu versagen, die Angst zu verlieren, die Angst, das Gesicht zu verlieren. Wer sich diesem Gefühl hingibt, wird sein Verhalten nie verändern.

Wenn der Klassenprimus seiner Angst gefolgt wäre und es nie gewagt hätte, aus diesem Muster herauszugehen, würde sich sein Verhaltensmodell im Laufe des Lebens immer weiter stabilisieren. Er hat aber den anderen Weg gewählt.

Die Regeln für das Selbstcoaching hieraus sind: Wir Menschen können vor allen möglichen Ereignissen Angst haben. Auch gibt es kleinere und größere Ängste. Ein gutes Selbst-Trainingskonzept besteht darin, kleinere Ängste zu identifizieren und sich hier vorzunehmen, gegen diese Angst vorzugehen. So kann es geschehen, dass man sie bald überwindet und dann sogar einen Heidenspaß daran hat, diese Situationen immer wieder neu zu erleben: Denn es verschafft Lust und Freude, prickelnde Situationen zu meistern. Also kann aus einem ängstlichen Menschen, der früher bestimmte Situationen vermieden hat, jemand werden, der später von anderen als ein Meister einer bestimmten Situation eingestuft wird.

Die Voraussetzungen für einen solchen Prozess lauten:

* Sich die eigenen Schwächen bewusst machen
* Diese Schwächen annehmen, zu ihnen stehen und keinesfalls verdrängen
* Sich einen Trainingsfahrplan überlegen, wie man sich im Bereich der Schwächen verbessern kann

So können im Laufe eines Lebens aus früheren Schwächen ausgeprägte Stärken werden.

9.

Wie gehe ich mit den lauten und dominanten Menschen um?

Es gab schon einige Fallbeispiele von Personen, die scheinbar besonders selbstsicher auftreten: Sie tragen ihre Argumente mit Nachdruck und Kraft vor, haben eine tolle Ausstrahlung, fixieren ihren Gesprächspartner mit festem Blick und machen überhaupt den Eindruck, dass sie von sich selbst in hohem Maße überzeugt sind.

Oft kaschiert ein solches zur Schau getragene Verhalten tatsächlich nur das mangelnde Selbstvertrauen von Menschen. Diese psychischen Zusammenhänge können in einschlägigen Psychologiebüchern nachgelesen werden. Etwas simplifizierend ist der Angstbeißer nach dem Motto »Angriff ist die beste Verteidigung« ein gutes Beispiel für dieses Prinzip. Ein über alle Maßen (scheinbar) sicheres Auftreten muss also nur die permanente Verteidigungshaltung kaschieren. Was gibt es zu verteidigen? Das mangelnde Selbstvertrauen!

Der Erfolgsweg und die Wahrheit liegen in der Mitte: Es kommt auf die Standpunkte an und darauf, jeweils das richtige Potenzialfeld zu finden. Zu mutig wird dann übermütig, zu wenig Mut bedeutet Feigheit: siehe hierzu die Ausführungen zum Wertequadrat im einem vorherigen Kapitel. Nun sind diese Ausprägungen nie absolut bestimmbar, sondern immer nur relativ im jeweils gültigen systemischen Kontext. Also gehört auch dazu, den systemischen Zusammenhang klar zu erkennen und sein eigenes Verhalten flexibel daran auszurichten.

Eine Erfahrung, die Sie sicherlich schon des Öfteren gemacht haben: Besonders überzeugend auftretende Menschen setzen sich durch, auch wenn Sie selbst manchmal inhaltlich nicht wirklich überzeugt sind. Wie ist dieses Phänomen zu erklären? Sie nutzen das systemische Gorilla-Prinzip vom Recht des Stärkeren. Ein Originalzitat eines ehemaligen Vorstandsmitglieds einer Großbank, der später als Unternehmensberater sein Geld verdiente: »Man muss seine Meinung nur möglichst laut kundtun. Dann glauben einem die anderen schon.«

Ein solches Verhaltensmodell führt dann dazu, dass sich die vielleicht suboptimale Auffassung durchsetzt, während die bessere Lösung unterbleibt; einfach deshalb, weil eine andere Person mit der fundierteren Meinung »leiser« ist und ihrer Auffassung zu wenig Nachdruck gibt.

Diese Zusammenhänge sind in verschiedenen psychologischen Theorien ausgiebig untersucht und dokumentiert worden. Zum Beispiel lehrt die Theorie des neurolinguistischen Programmierens (NLP) den Zusammenhang, dass man beim Senden von Kommunikation drei Bestandteile unterscheiden kann:

- Die Worte: Gemeint ist hier die Sachinformation, die Grammatik, die Semantik. Also: **Was** wird gesagt?
- Der Ton (englisch »tonality«): Gemeint ist hier die Art und Weise, **wie** die Worte gesprochen werden; also schnell oder langsam, laut oder leise, sehr gut artikuliert und betont oder eher gleichförmig und monoton. Also: **Wie** wird etwas gesagt?
- Die Körpersprache (nonverbale Botschaften, englisch »bodylanguage«): Gemeint sind hier alle Elemente der Körpersprache; also der Blickkontakt, die Mimik, die Gestik, die Haltung, der Habitus und weitere Differenzierungen.

Jeder Sender benutzt alle drei Bausteine parallel, um seine Botschaften zu vermitteln. Bitte fragen Sie sich jetzt, wie diese

drei Bausteine im Gehirn des Empfängers abgelöst und gewichtet werden: gleich verteilt? Oder gibt es unterschiedliche
Gewichte? Wenn alle drei Elemente zusammen 100 Prozent
ergeben, wie groß sind die einzelnen Anteile? Bitte schreiben
Sie hier im Buch oder auf einem Blatt Papier drei Zahlenwerte
auf, bevor Sie das Ergebnis in der Fußnote nachlesen:

	Anteil in Prozent
Worte	
Ton	
Körpersprache	

Das Ergebnis[34] mag vielen Menschen völlig unglaubwürdig
erscheinen: Der Anteil der Worte soll nur so gering sein? Insbesondere Menschen, die sehr kognitiv arbeiten, reagieren
zunächst völlig skeptisch und lehnen das Modell ab. Menschen mit einer guten Intuition hingegen finden häufig sofort
die richtigen Anteile.

Die Erklärung hierfür ist relativ einfach nachzuvollziehen,
wenn man sich an die Ausführungen zur Gehirnstruktur erinnert. Die Großhirnrinde macht entwicklungsgeschichtlich nur
einen winzigen Prozentsatz im zeitlichen Anteil der Entste-
hung aus, während das Zwischenhirn (Gefühle) und das Stammhirn und damit die unbewusst ablaufenden, automatisierten
Prozesse das Geschehen im Gehirn dominieren. Die Körpersprache setzt beim Verstehen von Kommunikation also die
größeren Akzente.

Für die Skeptiker unter Ihnen sei folgende Fallgeschichte
berichtet:

---

[34] Die prozentualen Anteile lauten: Worte = sieben Prozent, Ton = 38 Prozent,
Körpersprache = 55 Prozent.

Ein kaufmännischer Geschäftsführer eines Industriebetriebs lehnt das Modell völlig ab. Er zeichnet sich durch einen hohen Intellekt und durch klares analytisches Denken aus. Es will ihm nicht in den Sinn kommen, dass der Anteil der Worte an der Bedeutungszumessung von Kommunikation so gering ist.

Der Coach fragt ihn nach einer kürzlich gemachten Erfahrung, anhand derer man das Modell überprüfen könne. Gleich fällt ihm ein, dass man kürzlich einen neuen Wirtschaftsprüfer für das Unternehmen ausgewählt habe. Man habe jeweils einen Vertreter der Big Four zu einer Wettbewerbspräsentation eingeladen. Der Coach lässt sich berichten, wie der Auswahlprozess vonstatten gegangen ist.

Der Geschäftsführer berichtet, dass die vier Gesellschaften im Prinzip dieselbe Leistungspalette präsentiert hätten. Hier hätten sie sich nicht voneinander unterschieden. Der Vertreter der ersten Gesellschaft habe ihm nicht sehr behagt. Er habe ihm kaum in die Augen gesehen und auch mit einer recht leisen und monotonen Stimme gesprochen, sodass es ihm schwer fiel, ihm zuzuhören. – Bei dieser Erzählung stockt der Geschäftsführer und reflektiert über das gerade Gesagte. »Das ist ja interessant! Ja, und der Zweite, der war mir viel zu laut und zu selbstgefällig und hatte eine so arrogante Ausstrahlung. Der trug sein Kinn ganz schön hoch.« Nach einer weiteren Überprüfung seiner Erfahrungen stimmt er dem Modell zu: »Sie haben Recht. Das Modell stimmt doch. Im Bereich der Worte, also dem Leistungsprogramm, waren die vier Gesellschaften absolut vergleichbar. Ich habe die Entscheidung aber danach getroffen, welcher persönliche Vertreter mir am angenehmsten war, und das habe ich in der Tat am Ton und an der Körpersprache festgemacht!«

Die richtige Interpretation des Modells in diesem Kontext lautet mithin, dass die Worte in Relation zum Ton und zur Körpersprache einen sehr geringen Anteil haben, aber nicht unwichtig sind. Man vergleicht im Prinzip zwei Sender auf der Wortebene und differenziert seine Entscheidung nach Ton und Körpersprache, wenn die Inhalte auf der Wortebene etwa gleichwertig sind. Ist die Qualität auf der Wortebene deutlich unterschiedlich und kann diese Unterscheidung vom Empfänger auch nachvollzogen werden, kommen wir zu einem gewichteten Modell, das die Entscheidung je nach Gewicht mal mehr in Richtung der Wortebene, mal mehr in Richtung der anderen beiden Ebenen beeinflusst.

Ein sehr renommierter Professor der Kommunikationspsychologie hält auf einer Konferenz einen Vortrag. Der Seminarveranstalter legt den Teilnehmern einen Fragebogen aus, in dem die verschiedenen Sprecher der Konferenz zum Abschluss bewertet werden sollen. Der Kommunikationsprofessor erhält von allen Rednern die Bestnote.

Wegen des großen Erfolgs wird die Konferenz vier Monate später wiederholt. Es melden sich neue Teilnehmer an. Die Konferenz läuft nach demselben Muster ab. Während des Vortrags des Kommunikationsprofessors ist eine große Unruhe im Saal zu spüren. Am Morgen des zweiten Tags fragt der Vorsitzende der Konferenz das Feedback zum ersten Tag ab. Viele der Teilnehmer äußern sich sehr aggressiv: Diesen Professor dürfe man doch nicht zu einer solchen Konferenz einladen. Der sei doch völlig unmöglich. Der hätte doch gar keine Ahnung, und so weiter.

Was ist des Rätsels Lösung? In der ersten Konferenz sprach der Redner wie folgt: Er nutzte das drahtlose Mikrofon, ging durch die Reihen der Teilnehmer, hielt zu allen Blickkontakt, trug einige kurze und provokante Thesen vor und diskutierte diese mit den Teilnehmern. In der zweiten Konferenz kam er kurz vor Beginn seines Vortrags zum Vorsitzenden der Konferenz und teilte ihm Folgendes mit: Eigentlich dürfte ich heute diesen Vortrag nicht halten, weil ich mich seelisch dazu nicht in der Lage fühle. Ich habe einen Todesfall in meiner Familie zu beklagen. Aber die Suche nach einem Vertreter für mich war in der kurzen Zeit vor der Konferenz nicht mehr möglich. Mein Pflichtgefühl verbietet es mir, der Konferenz fernzubleiben. – Dann hielt er seinen Vortrag: vom Podium aus, die Stimme (wie auch seine innere Stimmung) eher gedämpft und monoton, der Blickkontakt war auf das Manuskript gerichtet. Die inhaltlichen Aussagen dieses Vortrags waren brillant: geschliffene Sätze, funkelnde Pointen, exakte Definitionen, bemerkenswerte und überraschende Theorien.

Wenn man beide Vorträge miteinander vergleicht, so stellt man fest, dass im zweiten Vortrag auf der Wortebene wesentlich mehr geboten wurde als im ersten Vortrag, wo lediglich schlaglichtartig das eine oder andere Thema kurz beleuchtet worden ist. Aber Ton und Körpersprache waren im Sendebereich quasi gegen null reduziert worden, während im ersten Vortrag kaum Impulse auf der Wortebene gesetzt worden waren, aber Ton und Körpersprache zu 100 Prozent lebendig waren.

Ergänzend ist anzumerken, dass uns Menschen das Zuhören äußerst schwer fällt, weil die Großhirnrinde extrem langsam arbeitet und zudem noch selektiv und assoziativ vorgeht. Kein Wunder, wenn ein sehr geistreicher (!) und anspruchsvoller Vortrag von manchen Zuhörern nicht verstanden werden kann.

Dieses Beispiel ist ein Beleg dafür, was passiert, wenn die Qualität auf der Wortebene von Menschen nicht in eigener Kompetenz beurteilt werden kann: sei es, dass die Thematik für das Vorwissen eines Menschen viel zu komplex ist und/oder die Fülle an Informationen das Aufnahmevermögen eines Gehirns übersteigt. Dann reduziert sich der Wortanteil weiter und kann gegen null gehen: Die Entscheidung wird dann nur noch durch die Interpretation der Glaubwürdigkeit der Aussagen auf der Ebene von Ton und Körpersprache getroffen.

Dieser Umstand hat gewaltige Auswirkungen für kleinere

oder auch sehr große Entscheidungsprozesse. Ein rhetorisch oder besser NLP-mäßig geschulter Politiker, der diese Instrumente bewusst beherrscht und aktiv in seiner Kommunikation verwendet, kann seine primäre Zielsetzung der Stimmenmaximierung dadurch so sehr stützen, dass sein Kontrahent, der möglicherweise das bessere Programm verfolgen würde, die Wahl verliert. Die Leser mögen sich hierzu in eigener Anschauung seine Erfahrungen vor Augen halten.

Nachfolgend soll dieser an Beispielen erläuterte Zusammenhang von verbaler und nonverbaler Information an folgendem Schaubild verdeutlicht werden. Man kann den Ausprägungsgrad (die Intensität) von verbalen und nonverbalen Sendungen in einer Matrix kombinieren. Bei einer Zweiteilung (hohe beziehungsweise niedrige Intensität) erhält man vier Quadranten. Natürlich ist das Spektrum der Möglichkeiten kontinuierlich. Das folgende Schaubild soll das Grundmuster verdeutlichen:

ZUSAMMENHANG ZWISCHEN VERBALEN UND NONVERBALEN
SENDUNGEN

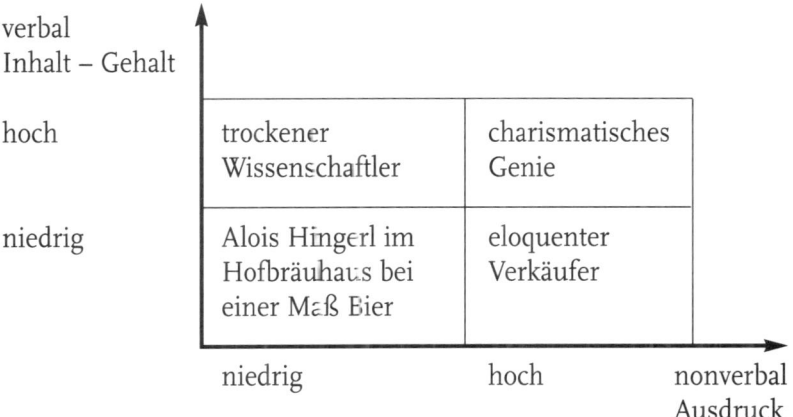

Bezogen auf berufliche Aufgaben und unter Nutzung einer mittleren Stufe der Intensität erhält man eine Neunfeldermatrix mit folgenden Zuordnungen. Bitte sehen Sie diese Zusammenstellung ebenfalls als Bild an; denn auch hier sei wieder erwähnt, dass eine präzise Abgrenzung der Intensität und eine ebenso präzise Zuordnung nicht möglich ist. Aber das Grundprinzip lässt sich auf diese Art und Weise verdeutlichen. Es entspricht auf einer anderen Ebene der Interpretation den Archetypen von C. G. Jung, projiziert auf den beruflichen Kontext und erklärt durch die Anteilsintensitäten in der Kommunikation.

BEISPIELE FÜR BERUFLICHE AUFGABEN

verbal Inhalt – Gehalt			
hoch	Controlling Revision	Leiter Controlling	Vorstands-vorsitzender
mittel	Kreditsach-bearbeiter	mittleres Management	Leiter Vertrieb
niedrig	Ablage Archiv	engagierter Sachbearbeiter	Verkäufer
	niedrig	mittel	hoch · nonverbal Ausdruck

Zusammengefasst zeigen diese Ausführungen also, dass der systemisch Stärkere die kommunikativen Prinzipien der Stärke beachtet und nutzt:

- Der größte Einfluss geht von der Körpersprache aus. Auf die Spitze getrieben, bedeutet das auch, dass letztlich das Faustrecht jedes noch so gute Argument dominiert. Ein solches Ergebnis kann bei jeder Prügelei in einer Kneipe genauso beobachtet werden wie der Abwurf einer Bombe auf das feindliche Gebiet, nachdem die diplomatischen Verhandlungen zwischen zwei Nationen gescheitert sind.
- An zweiter Stelle steht der Ton. Ein nicht zu Ende gedachtes oder möglicherweise sogar falsches Argument braucht nur im Brustton der Überzeugung vorgetragen zu werden, um von anderen geglaubt zu werden, insbesondere dann, wenn die Informationsempfänger kognitiv nicht in der Lage sind, die vorgetragenen Zusammenhänge zu verstehen und nachzuvollziehen. Diesen Effekt machen sich sicherlich viele Politiker bewusst oder unbewusst zunutze, die davon ausgehen können, dass hochkomplexe volkswirtschaftliche Zusammenhänge über die Zusammenhänge von Arbeitslosigkeit, Inflation und Steuern von den meisten Staatsbürgern gar nicht verstanden werden können.
- Erst an dritter Stelle im Einfluss stehen die Worte.

Wie kann man nun die »lauteren« und »dominanter« auftretenden Menschen in ihrem Wirkungskreis begrenzen? Das NLP-Modell lehrt uns die verschiedenen Möglichkeiten:

- An erster Stelle sollte stehen, dass wir uns in den Bereichen unseres beruflichen Wirkens mit einem möglichst hohen Sachverstand ausstatten sollten. Wer nach Ausbildung oder Studium mit dem Lernen aufhört, begibt sich schnell der Möglichkeiten, Einfluss zu nehmen und den »lauteren« Kollegen Einhalt zu gebieten.
- Zu den kognitiven Fähigkeiten gehören zunächst die Fachkompetenzen, die mit unserer beruflichen Aufgabe direkt zu tun haben. Mindestens genauso wichtig sind aber Kompetenzen, die dem Bereich der allgemeinen Psychologie oder speziell der Kommunikationspsychologie entlehnt sind.

Wer nun argumentiert, dass wir dies in der Schule oder im Studium nicht gelernt haben, denkt zu kurz. Sie haben immer die Wahl, dasjenige Wissen zu erwerben, das Ihnen für Ihren beruflichen Erfolg nutzt.

• Immer noch im Bereich der kognitiven Fähigkeiten ist eine wichtige Erkenntnis angesiedelt, die jeder Mensch im Berufsleben schon einmal gehört hat: Wer fragt, der führt. Wer also über ein gut ausgeprägtes Spektrum von Fragemöglichkeiten verfügt, der kann seinen Berufskollegen mit Ruhe und Gelassenheit befragen, wenn er von einer »laut« und »überzeugend« vorgetragenen Meinung auf den ersten Blick nicht hinreichend überzeugt ist. Es reicht die Fragekette: »Was genau meinen Sie, wenn Sie sagen ...?« Aus der ersten Antwort greift man sich dann verschiedene Argumente auf und hinterfragt diese weiter. Wenn die Argumentation nicht wirklich schlüssig war, wird man häufig nach drei oder vier Nachfragen entdecken, wie das gesamte Gedankengebäude wie ein Kartenhaus zusammenstürzt und der zuvor so überzeugend auftretende Kollege nun auf einmal recht kleinlaut wird.

• All diese Hinweise finden ausschließlich im Bereich der Sieben-Prozent-Wort-Ebene statt und können mit leiser Stimme und völlig unscheinbarer Körpersprache vorgetragen werden. Das wäre der Sieg des Verstands (Großhirnrinde) über die emotionalen Zentren des Gehirns.

• Natürlich kann man auch Strategien aus den anderen Bereichen wählen, riskiert hier aber die Eskalation der Emotionen. Daher sollte man sich zuvor sicher sein, wie ein solches Kräftemessen ausgehen wird. Die sicherere Strategie besteht darin, die Emotionen aus einem solchen Dialog herauszunehmen. Dies ermöglicht es auch, einem systemisch übergeordneten Gorilla entsprechende sachliche Fragen zu stellen und ihn letztlich von unserer Auffassung zu überzeugen. Der leise Ton und eine Körpersprache, die auf eine »Unterwerfung« hindeutet, machen den Gorilla nicht wütend, sodass die Chance besteht, auf der Ebene der Argumente zu ihm vorzudringen. Zur Unterstützung kann man taktisch noch einige Worthülsen einstreuen, die aus dem systemischen Prinzip entlehnt sind und die Unterordnung verstärken. »Darf ich fragen, wie Sie dies genau gemeint haben?«

- Wer dies als eine tatsächliche Unterordnung ansieht und daher ablehnt, sei daran erinnert, dass der Zweck in diesem Fall sicherlich die Mittel heiligt. Wer ist denn letztlich der systemisch Stärkere? Doch sicherlich derjenige, der die richtigen Strategien wählt und damit seine Auffassung durchsetzt. Die Alternative wäre Schweigen oder wirkliches Unterordnen.

Ein solches Verhalten ist ein dreifaches Win-win-win-Prinzip:

- Zunächst stärke ich meinen eigenen Standpunkt und damit auch meine eigene Position. Möglicherweise verbessere ich sogar meinen Rangplatz im System und gewinne damit weitere Möglichkeiten, meine Ideen, Interessen und Vorhaben erfolgreicher umzusetzen. In der Folge steigt meine Zufriedenheit, weil ich mehr Erfolgserlebnisse habe und weil ich mehr geachtet werde.
- Wenn ich den sachlichen Dialog mit dem Kollegen oder Vorgesetzten so führe, dass dieser einen Nutzen daraus ziehen kann, liegt auch bei ihm eine Gewinnersituation vor.
- Schließlich gewinnt das System; denn die sachlich bessere Meinung hat sich durchgesetzt. Für das Unternehmen insgesamt ist das ein Fortschritt.

10.

Auswege aus der systemischen Blindheit – die Werte meines »Leittiers« sehen, erkennen und befolgen?

Während im vorherigen Kapitel der nebensächliche Aspekt behandelt wurde, wie man seine eigenen Erfolgsmöglichkeiten verbessern kann, wenn man sich nicht von den lediglich etwas lauteren und dominanteren Kollegen im System den Schneid abkaufen lässt, wird nun das Augenmerk darauf gelegt, wie man insgesamt seinen Erfolg optimieren kann. Die Formel hierfür lautet:

1. Erkennen und Bewusstmachen des systemischen Prinzips
2. Erkennen, Bewusstmachen und Beachten der jeweiligen systemischen Spielregeln
3. Einschätzen und Ausschöpfen des eigenen systemischen Potenzials
4. Stärken der eigenen Ressourcen durch Trainieren der Sozialkompetenz
5. Voranschreiten auf der eigenen systemadäquaten Entwicklungskurve

Die **Phase 1** in Ihrem persönlichen Erfolgsprozess haben Sie spätestens jetzt schon absolviert, da Sie dieses Buch bis zu diesem Kapitel gelesen haben. Vielleicht waren Ihnen die Zusammenhänge auch schon vorher klar und eindeutig bewusst. Dann hat Ihre Auffassung eine Bestätigung erhalten, und Sie werden die auf der Basis dieser theoretischen Überlegungen abzuleitenden Erfolgsstrategien noch stringenter verfolgen können. Vielleicht waren Ihnen diese Überlegungen nicht vollständig bewusst, aber Sie haben sie intuitiv erspürt und auch beachtet; dann können Sie nun aus der Koppelung von unbewusstem und bewusstem Verstehen noch kraftvoller vorangehen. Wenn die systemischen Prinzipien hingegen neu für Sie waren, so haben Sie nun ein neues Erfolgselement kennen gelernt.

Phase 2: Wie gelingt es, die jeweiligen systemischen Spielregeln zu erkennen? Hierzu einleitend eine Geschichte:

Der Marketingleiter einer Privatbank ist frustriert. Auf sämtlichen Vorlagen an den Vorstandsvorsitzenden erhält er stereotyp den handschriftlichen Vermerk: Bitte Rücksprache, Dr. Friedemann.

Die Rücksprachen verlaufen zäh. Der Vorstandsvorsitzende stellt viele Fragen und lässt erkennen, dass er mit den Antworten nicht wirklich zufrieden ist.

Einige Wochen später kündigt Dr. Friedemann an, dass er sich am kommenden Dienstag um 18 Uhr mit dem Marketingleiter verabreden will. Ferner sagt er: »Teilen Sie Ihrer Frau bitte mit, dass Sie später nach Hause kommen. Wir gehen um 20 Uhr gemeinsam essen. Ich habe einen Tisch reservieren lassen.«

Mit einem unguten Gefühl im Magen geht der Marketingleiter in die Besprechung. Dr. Friedemann führt aus, dass er mit dessen Leistungen nicht zufrieden ist. Nach dem Aufzählen einiger Beispiele macht er seine Unzufriedenheit an zwei Punkten fest: Sie schreiben mir immer Notizen, anstatt das Gespräch mit mir zu suchen, und Sie schauen mir nicht in die Augen, wenn ich eine Frage an Sie richte und Sie diese beantworten.

Der Marketingleiter versucht diese Punkte aufzuklären. Beim vorherigen Arbeitgeber habe er gelernt, dass zu jeder Idee eine schriftliche Ausarbeitung als Vorbereitung auf ein Gespräch anzufertigen sei. Und im Übrigen hätte Dr. Friedemann doch einen sehr vollen Terminkalender. Auch sei es für ihn doch sicherlich besser, zunächst einmal erst die Vorlage zu lesen, damit man sich dann effizienter darüber unterhalten könne. Die Erklärungen befriedigen Dr. Friedemann nicht. Er möchte es anders haben: zuerst das Gespräch und dann im Anschluss daran die schriftliche Ausarbeitung. Dann könne er seine Fragen zu der vorgetragenen Idee stellen, seine eigenen Gedanken einbringen und auch gleich die Entscheidung treffen. Die anschließend erstellte schriftliche Ausarbeitung sei dann zur Information seiner Vorstandskollegen gedacht. – Der Marketingleiter wundert sich über dieses Vorgehen, das mit seinen bisherigen Erfahrungen nicht in Einklang zu bringen ist.

Zu der zweiten Frage äußert er dann, dass es für ihn einfacher sei, sich auf die Antwort zu konzentrieren, wenn er dabei eine neutrale Fläche anschauen könne. Dabei stellt er auf einmal selbst fest, dass seine Gedanken noch nicht klar genug geordnet waren; sonst hätte er den Blickkontakt halten können. Er ergänzt diese Selbstwahrnehmung.

Später beim Abendessen fließt das Gespräch in verschiedene Richtungen. Den Marketingleiter bewegt noch immer die Frage, dass der Vorstandsvorsitzende seine Vorstandskollegen in den Abstimmungsprozess nicht mit einbezieht, und äußert diese. Er enthält folgende Antwort: »Wissen Sie, es gibt wichtige und weniger wichtige Themen. Ich halte es so, dass ich täglich mit meinem Aufsichtsratsvorsitzenden telefoniere und mich mit ihm in den wichtigen Themenstellungen abstimme. Wenn ich dann seine Rückendeckung habe, habe ich auch die Vorstandsentscheidung. Meine Kollegen informiere ich dann darüber.«

Am Ende des Abends machte Dr. Friedemann folgende Bemerkung: »Ich bin jetzt Ende 50, und Sie sind Mitte 20. Ich hätte dies viel früher erkennen müssen.«

Was lehrt diese Fallgeschichte? Man kann daraus unter anderem vier Erfahrungen ableiten:

1. Zum einen erneut, dass die Körpersprache einen überaus wichtigen Anteil am Gelingen von Kommunikation hat. Nach der Formel 7/38/55 Prozent in den Anteilen Worte/ Ton/Körpersprache war für das mangelnde Verständnis zwischen dem Vorstandsvorsitzenden und dem Marketingleiter der unzureichende Blickkontakt ausschlaggebend.
2. Zum anderen hat jeder Mensch seine Eigenheiten: Während eine Führungskraft hohen Wert darauf legt, eine schriftliche Ausarbeitung als Vorbereitung für ein Treffen einzusetzen, setzt jemand anders die Prioritäten anderes und präferiert das persönliche Gespräch.
3. Drittens: Wie sympathisch ist der selbstkritische Anteil des Vorstandsvorsitzenden, der im letzten Satz zum Ausdruck kommt? Die Verantwortung für die bislang suboptimale Zusammenarbeit lag in gleichen Teilen auch beim Marketingleiter!
4. Die Fallgeschichte lehrt noch ein viertes Element, das in Systemen eine enorm hohe Bedeutung hat: die enge Abstimmung mit dem jeweiligen Vorgesetzten. Hierauf wird im Folgenden näher eingegangen.

Zusammengefasst zeigt diese Fallgeschichte, dass es in Phase zwei des Erfolgsprozesses darauf ankommt, folgende systemische Regeln zu befolgen:

- **Die Werte der Führungskraft genauestens zu erkennen und zu beachten**
- **Eine besonders enge Beziehung zur Führungskraft zu entwickeln**

Sie erinnern sich? Jahrhundertsommer in Deutschland: seit dem Beginn der Temperaturaufzeichnung der heißeste Sommer. Die durchschnittliche Temperatur lag um mehr als fünf Grad über dem langjährigen Mittel.

Ein Dialog aus einem Coachinggespräch: Einerseits denke ich immer wieder, dass wir Manager bestraft sind. Wir tragen Hemden, die eng am Kragen anliegen. Der oberste Knopf ist geschlossen. Doch damit nicht genug: Eine Krawatte schnürt Kragen und Hals noch weiter ein. Und dann noch diese unerträgliche Hitze! Andererseits kommt es doch nicht auf die Kleiderordnung an. Wir werden doch für unsere Leistung bezahlt.

Ich frage mich, wie ich mich in diesen Momenten richtigerweise verhalten soll. Neulich hat mich mein Chef (ein Bereichsleiter in einem großen Konzern) zum Mittagessen abgeholt. Ich nenne ihn immer Altmeister Gornemann. Wir gingen über den Hof in Richtung Kantine. Wie immer hatte er trotz der großen Hitze ein absolut untadeliges Aussehen. Er hatte Hemd und Krawatte eng geschlossen und zudem noch den Sakko ordnungsgemäß getragen. Ich habe mich seinem Verhalten angepasst, während ein anderer Abteilungsleiterkollege einen recht legeren Stil bevorzugte. Ein anderer Bereichsleiter kam uns entgegen und begrüßte uns mit den Worten: »Ja, da sieht man die alte Schule.« Er spielte eindeutig auf den Kleidungsstil an, und sein Blick zeigte deutlich, dass er mich damit auch einbezogen hatte, während er den dritten Kollegen nicht anschaute.

Nun frage ich mich, ob ich richtig handle oder ob das nicht unsinnig ist. Viel lieber würde ich ein kurzärmeliges Hemd tragen, die Krawatte ablegen und auch keinen Sakko anhaben.

Wie lautet Ihre Antwort? Der Fall ist nicht so leicht zu beurteilen, wie es auf den ersten Blick scheint. Die Person, die sich diese Gedanken macht, hat durchaus berechtigte Chancen, Nachfolger des Bereichsleiters zu werden, der in wenigen Jahren in den Ruhestand gehen wird. Beide sind in der Konzernrevision tätig. Der Bereichsleiter hat die Möglichkeit, seinem Vorstandsvorsitzenden eine Empfehlung für seinen Nachfolger auszusprechen. Wen wird er wählen? Den einen Abteilungsleiter mit legerem Kleiderstil oder den anderen, der dem Altmeister folgt und das Prinzip der alten Schule beachtet? Sicherlich ist das Beachten der Kleiderordnung nur ein Faktor unter vielen. An vorderer Stelle dürfte in den meisten Fällen das Leistungsprinzip stehen. Lassen Sie uns zwei extreme Fälle denken:

1. Ein Abteilungsleiter erbringt die absolute Topleistung. Er erlaubt es sich, in einigen kleineren Dingen seinen eigenen Stil zu entwickeln. So trägt er zum Beispiel bei großer Hitze eine Kleidung, die sie leichter ertragen lässt. Zudem zeichnet sich dieser Abteilungsleiter durch eine hohe Sozialkompetenz aus. Er ist bei vielen Kollegen überaus beliebt und angesehen.
2. Ein anderer Abteilungsleiter erbringt eine eher mäßige Leistung. Ferner macht er sich recht wichtig und stellt sich besser dar, als es seiner Leistung entspricht. Seine Kleiderordnung ist aber eindeutig alte Schule.

Hier dürfte die Entscheidung klar sein. Was ist aber in dem Fall, wenn zwei Personen in der Leistung etwa gleich beurteilt werden, im selben Alter sind und in den anderen die mögliche Nachfolge konstituierenden Faktoren etwa gleichauf liegen? Dann könnte der geschlossene Hemdkragen das Zünglein an der Waage sein, das den Ausschlag gibt.

Es geht also darum, die Werteordnung zu erkennen, zu verstehen und entsprechend zu beachten. Niemals ist es nur ein Wert, sondern es sind immer recht viele. Diese Werte müssen gewichtet werden. Wenn man dann die wichtigsten Werte, die in der Unternehmenskultur und bei der direkten Führungskraft ein hohes Gewicht haben, beachtet und befolgt, dann optimiert man die »Wertesumme«. Der potenzielle Nachfolger hat »mathematisch« ausgedrückt die höchste Punktesumme, muss also nicht alle Werte zu 100 Prozent beachten, sondern kann sich bei unwichtigeren Elementen auch eigene Freiheiten erlauben.

Zu den Werten: Rupert Lay verwendet hierfür ausführlicher den Begriff der WEIBs[35]; denn es sind nicht nur Werte, sondern auch Erwartungen, Interessen und Bedürfnisse, die uns als Menschen von anderen Menschen unterscheiden. Gemeint ist, dass jeder Mensch ein ganzes Bündel von Motiven hat, die er seinem Handeln zugrunde legt. Die Basis bilden dabei die über die Sozialisation tief verankerten Wertegerüste. Darauf bauen Bedürfnisse und Interessen auf, während sich die Erwartungen auf die Erfüllung im Handeln richten.

Wenn ich nicht weiß, was meine Führungskraft von mir erwartet, kann ich diese auch nicht oder nur unzureichend erfüllen. Wie gelingt es, die Erwartungen der Führungskraft kennen zu lernen? Der einfachste Weg besteht darin, sie zu fragen. Sie wundern sich über diese Antwort? Dann sei Ihnen versichert, dass ich in unzähligen Gesprächen immer wieder erlebe, dass genau dies nur äußerst selten geschieht. Im Gegenteil versuchen die meisten Menschen, die Erwartungen zu erspüren und im Prozess aus Versuch und Irrtum nach und nach zu konkretisieren. Auf diese Art und Weise kann das Erforschen der Erwartungen natürlich auch geschehen: Es kostet aber Zeit, und es wird immer wieder zu Abweichungen und Fehlern kommen.

Warum fragen wir Menschen nicht einfach? Weil wir die Befürchtung haben, dass wir damit einen Gesichtsverlust eingehen könnten. Wir wollen doch alle superschlau und hochintelligent sein. Eine Frage wäre somit unter unserer Würde.

---

[35] Vergleiche hierfür zum Beispiel seine Ausführungen in den Büchern »Führen durch das Wort«, »Weisheit für Unweise«, »Kommunikation für Manager«, »Über die Kultur des Unternehmens«.

Doch machen Sie sich bitte deutlich, dass es keine dummen Fragen, sondern nur dumme Antworten gibt. Der Beruf im Wirtschaftsleben, der ein sehr hohes Ansehen genießt, weil er äußerst anspruchsvoll ist, ist der des Unternehmensberaters. Was glauben Sie, wie viele Fragen ein solcher Berater stellt, bis er erste Antworten findet? Außerdem wissen Sie: Wer fragt, der führt!

Also lautet mein Rat: Scheuen Sie sich nicht, Ihre Führungskraft nach ihren Erwartungen zu fragen. Sie machen sich das Leben deutlich leichter, werden dadurch effektiver und effizienter in Ihren Handlungen, haben mehr Erfolgserlebnisse und festigen so die Beziehung zu Ihrer Führungskraft.

Die Erwartungsfrage fällt tendenziell leichter, wenn man sich für einen Stellenwechsel entschieden hat und eine neue Führungskraft bekommt. Leider wird auch hier diese Frage viel zu selten gestellt. Sollten Sie schon längere Zeit mit Ihrer Führungskraft zusammenarbeiten, so wirkt eine solche Frage auf den ersten Blick nicht adäquat. Sie bietet sich aber insbesondere dann an, wenn in der Zusammenarbeit einiges nicht rund läuft. Sie realisieren dies am Feedback und den Korrekturen, die Ihre Führungskraft an Ihren Verrichtungen vornimmt. Also sind Sie gut beraten, bei neuen Aufgabenstellungen vorab zu fragen, wie Sie diese Aufgabe vollbringen sollen und welche Erwartungen Ihre Führungskraft hat. Läuft die Arbeit hingegen recht gut, könnte man die Auffassung haben, dass sich die Erwartungsfrage erübrigt. Vielleicht ist das der Fall, vielleicht aber auch nicht. Viele Menschen sind konfliktscheu und trauen sich nicht, jemandem ganz direkt kritische Bemerkungen zu sagen. Stattdessen behandeln sie diesen Menschen vordergründig recht freundlich und geben ihm ein gutes Gefühl, beschweren sich aber hinter dessen Rücken und vielleicht bei der nächsthöheren Führungskraft über die mangelnde Arbeitsqualität. Dies einkalkulierend, ist es also generell sinnvoll, mit der Führungskraft ein Gespräch darüber zu führen, ob man deren Erwartungen erfüllt.

In den meisten Firmen wird es Beurteilungskonzepte geben.

Sie können als guter Spiegel dafür dienen, ob die erbrachte Leistung den Erwartungen des Unternehmens und der direkten Führungskraft entspricht. Sollte es keine Beurteilungssysteme geben: Wie lässt sich das einrichten? Folgende kleine Fallgeschichte erläutert dies:

Herr Lehmann arbeitet seit vielen Jahren mit seiner Führungskraft zusammen und hat noch nie ein generelles Feedback erhalten; es sei denn, ein Fehler ist passiert. Dann wurde dies sachlich ohne großes Aufheben angemerkt. Ihn bewegt die Frage, wie er bei seiner Führungskraft angesehen ist. Nun geht er auf sie zu und bittet wie folgt um ein Gespräch: »Herr Kalwein, wir arbeiten nun seit sieben Jahren zusammen. Ich würde mich freuen, wenn wir mal ein Gespräch miteinander führen könnten. Mich interessiert, wie Sie mit mir zufrieden sind: Was mache ich Ihrer Meinung nach besonders gut? Was könnte ich Ihrer Meinung nach besser machen? Welche Erwartungen haben Sie an die Zusammenarbeit mit mir?«
Herr Kalwein ist zunächst etwas verblüfft: »Aber wir arbeiten doch schon so viele Jahre zusammen. Noch nie haben Sie mich gefragt.«
Herr Lehmann antwortet: »Ja, das stimmt. Dennoch beschäftigt mich diese Frage. Können Sie sich bitte demnächst dafür ein wenig Zeit nehmen?«

Je genauer man die Erwartungen seiner Führungskraft erfüllt, umso besser ist die Beziehung ausgeprägt. Die positiven Wirkungen sind, dass die Arbeit mehr Freude macht, dass man des Öfteren ein Lob bekommt (oder bekommen sollte), dass man sich mehr vertraut, dass man sich auf den Kontakt mit der Führungskraft freut und dass man vielleicht auch mal private Themen wie Sorgen oder Nöte miteinander besprechen kann.
Die Führungskraft sollte nicht nur sachlicher Manager sein, sie kann auch privater Ratgeber oder Freund sein. Nein, sagen einige der Leser? Sie halten es für richtig, dass es eine gewisse

Distanz geben sollte zwischen »Vorgesetztem« und »Untergebenem«?

Vielfach wird eine solche Auffassung vertreten. Ich halte sie für falsch. Sie ist Ausdruck einer mangelnden Persönlichkeitsentwicklung der Führungskraft. Wer sich Distanz zu seinen Mitarbeitern ausbedingt, kann auch nur distanziert führen. Wofür ist die Distanz nötig? Um sich zu schützen? Seine eigene Position zu verteidigen? Divide et impera?

Ja, vielfach dürften das die Motive sein: Selbstschutz aus Unsicherheit oder sogar Angst heraus. Die damit verbundenen Führungsstile sind allseits bekannt: Macht, Unterdrückung, Angstterror, etc.

Nun ist aber aus der Psychologie bekannt, dass Angst kein Motivator ist, sondern im Gegenteil Verhalten reduziert. Aus Angst vor negativen Sanktionen werden Menschen vorsichtiger und sichern die Arbeitsergebnisse doppelt und dreifach ab. Die Produktivität sinkt, die Kreativitätsrate nimmt rapide ab, das Tempo erlahmt.

Das Gegenteil ist richtig: Vertrauen fördert Mut, Kreativität und hebt die Produktivität. Und Vertrauen baut sich nur dann auf, wenn Nähe zugelassen wird.

Wenn es noch den einen oder anderen Skeptiker gibt, dann fragen Sie sich doch bitte, wie heiter und gelöst Sie mit Ihren Freunden umgehen. Was ist in solchen sozialen Beziehungen möglich?

Sie werden einwenden, dass dies in einem Unternehmen nicht sein darf; denn Sie müssen gelegentlich auch harte und unpopuläre Entscheidungen treffen und bisweilen sogar jemanden entlassen.

Erste Fallgeschichte: Die Unternehmensspitze entscheidet gemeinsam mit den Anteilseignern über einen Strategiewechsel, der es erforderlich macht, 25 Prozent des Personals freizusetzen.

Der Vorstandsvorsitzende führt das Gespräch mit dem Bereichsleiter Controlling, dessen Aufgabenbereich einem anderen Bereichsleiter zugeordnet wird. Er erläutert die Hintergründe und führt aus, dass die Entlassung ausschließlich sachlich begründet ist und nichts mit der Leistung oder der Person zu tun hat. Nach einem längeren Gespräch, in dem er sich viel Zeit nimmt, bittet er den Bereichsleiter, am Abend mit ihm essen zu gehen, damit sie gemeinsam eine gute Flasche Wein miteinander trinken können.

Zweite Fallgeschichte: Eine Großbank hat vor einigen Jahren eine ganze Ebene im Vertrieb wegrationalisiert. Einige dieser Führungskräfte wurden freigesetzt und haben sich mit Personalberatern über neue Aufgabenstellungen unterhalten. Es war ganz offenkundig weder Groll noch Verbitterung zu spüren. Auf die entsprechende Frage wurde geantwortet, dass der Prozess des Ausscheidens absolut fair und gerecht abgelaufen sei.

Diese beiden Praxisbeispiele zeigen, dass persönliche Nähe sogar ein Vorteil sein kann, wenn man harte und unpopuläre Maßnahmen zu treffen hat. Wir Menschen können auch unangenehme Entwicklungen ertragen, wenn sie offen kommuniziert werden, fair und gerecht ablaufen und deutlich machen, dass sie sachlich gerechtfertigt sind.

Person und Sache zu trennen lautet hier die Lösungsformel.

In der Sache kann man unnachgiebig und hart vorgehen, wenn es vom Unternehmenssystem her notwendig erscheint. Mit der Person, dem Menschen, sollte man dabei unter Achtung seiner Würde so umgehen, dass man sich jederzeit wieder in die Augen sehen kann.

Ein solches Vorgehen ist aber nur dann sinnvoll, wenn die Beziehungsebene zwischen Mitarbeiter und Führungskraft stimmig ist. Bei Informationsprozessen wird gern zwischen Hol- und Bringschuld unterschieden: Hier gelten dieselben Zusammenhänge. Für die Gestaltung dieser Beziehung sind beide verantwortlich. Der Mitarbeiter hat sich möglichst eng mit seiner Führungskraft abzustimmen, während die Führungskraft versuchen sollte, ein Klima mit möglichst viel Offenheit und Vertrauen zu erzeugen

Vielleicht gelingt es dann, sich in der Pyramide des guten Führens immer weiter nach oben zu entwickeln und irgendwann die höchste Stufe zu erreichen, wie es das alte Modell des Führens im Tao beschreibt:

Den wirklich guten Führer nimmt man nicht wahr.

Drunter stehen jene, die man liebt und verehrt.

Drunter jene, die man fürchtet und hasst.

Und drunter jene, die man verlacht.

Entspricht die höchste Stufe nicht den Wünschen eines jeden Menschen? Möchte nicht jeder Mensch in seinen Eigenheiten und Besonderheiten geachtet werden und möglichst selbst verantwortet leben und entscheiden? Dieses oberste Führungsprinzip lässt sich nur dann verwirklichen, wenn zwischen Führer und Geführtem eine ganz enge Vertrauensbindung vorhanden ist:

Der Vorstandsvorsitzende (VV) und der Leiter des Vorstandssekretariats (VS) haben ein sehr enges Vertrauensverhältnis. Der VV bespricht viele vertrauliche Themen mit dem VS, dessen kompetenten Rat er sehr schätzt. Bisweilen bittet er ihn darum, sein Ohr in die Firma hineinzurichten und vorsichtig zu eruieren, welche Auffassung die Führungskräfte zu wichtigen Entscheidungsfragen haben dürften.

Der VS richtet einmal monatlich ein Essen unter den leitenden Führungskräften aus. Bei dieser Gelegenheit streut er vorsichtig verschiedene Fragestellungen ein und hört die Meinungen der Kollegen hierzu.

Danach berichtet er seinem VV, der nun ein klareres Bild unter anderem darüber gewonnen hat, wie mögliche Entscheidungen ankommen würden.

Dieses Kommunikationsmodell ist schlichtweg genial, wenn es richtig gespielt wird. Es werden mehrere systemische Rangmitglieder implizit einbezogen beziehungsweise außen vor gelassen. Es ist quasi ein mathematischer Quantensprung auf eine höhere Ebene, der hier stattfindet. Der VV und der VS haben ein Kommunikationssystem entwickelt, das es dem VV mittels der Hilfestellung des VS möglich macht, über einen größeren Sprung im Systemogramm zu erfahren, wie weitere wichtige Systemmitglieder über anstehende Entscheidungsfaktoren denken. Einige im Systemogramm hoch positionierte Vorstandsmitglieder bleiben außen vor; denn man weiß ja, dass diese möglicherweise ihre eigenen Positionen verteidigen und die hierfür notwendigen Spiele spielen. Dafür werden die weiteren hochrangig positionierten Führungskräfte implizit in den Entscheidungsprozess einbezogen, ohne dass dies als offenes Anliegen kommuniziert wird. So besteht die Chance, die tatsächlich notwendigen Entscheidungsfaktoren zu erheben. – Das Fazit: Ein solches Kommunikationsspiel gelingt natürlich nur dann, wenn die beiden Hauptspieler, der VV und der VS, die Spielregeln exzellent beherrschen und die aktiven Mitspieler das Spiel nicht durchschauen und mit manipulierten Informationen zu ihren eigenen Gunsten lenken. Dies wiederum müsste der VS erkennen, um es zu antizipieren oder zu unterbinden.

In den bisherigen Ausführungen wurde ausschließlich darüber geschrieben, dass man sich eng auf seine jeweilige Führungskraft ausrichten sollte. Das erfordert unter anderem:

• Eine frühzeitige Einbindung in Informationsprozesse und die eigenen Vorhaben
• Regelmäßige Gespräche zum Informationsaustausch, am besten auch in Form eines Jour fixe
• Eine offene Gesprächskultur, in der jede Frage erlaubt ist

So sollte man insbesondere dann, wenn man in Abstimmungen mit anderen Bereichen eintritt oder an Sitzungen teilnimmt, sich vorher mit der eigenen Führungskraft ins Benehmen setzen: Was haben wir vor? Was wollen wir erreichen? Was darf nicht geschehen? Nach der Sitzung sollte man dann schnellstmöglich seine eigene Führungskraft über die Ergebnisse informieren, noch bevor gegebenenfalls ein Protokoll angefertigt wird, damit eventuelle Änderungen noch abgestimmt werden und einfließen können.

Ein solches Verhalten führt zu einer engen und vertrauensvollen Bindung an die Führungskraft, weil man dadurch seine hundertprozentige Loyalität unter Beweis stellt. Der Lohn: Die eigene systemische Position wird gesichert, weil man sich so die Rückendeckung der Führungskraft erwirbt.

Nun muss dieses Prinzip aber realitätsgerechter ausdifferenziert werden. Die bisherigen Ausführungen galten alle für den Fall, dass sich die Führungskraft nahezu ideal verhält und einen starken Platz im System innehat. Was ist aber dann, wenn sie deutliche Schwächen zeigt und einen schlechten Rangplatz im System einnimmt?

Ein solcher Fall führt dazu, dass das eigene Verhalten schwierig wird und der eigene Erfolg beeinträchtigt werden kann:

- Wenn wir die Führungskraft stützen und stärken wollen, könnte sie das als Bedrohung ihrer eigenen Position und als illoyal ansehen. Auch ein offenes Gespräch darüber, dass wir nicht am Stuhl der Führungskraft interessiert sind, hilft nicht weiter. Gerade schwache Führungskräfte werden darauf eher beleidigt reagieren, weil sie dies als anmaßend abwehren werden.
- Nehmen wir die Schwäche einfach nur hin, können wir uns nicht erfolgreich weiterentwickeln.
- In den meisten Fällen scheint das folgende Verhalten die besten Chancen zu bieten: die Führungskraft in der Sache intensiv beraten, sehr viel Kommunikation ausüben, einen möglichst engen Kontakt suchen. Generell gilt die Regel: Je

intensiver eine Beziehung geworden ist und je konfliktfreier die Prozesse ablaufen, umso weniger Kommunikation ist nötig und umgekehrt. Da hier also eine schwierige Beziehung vorliegt und die sachlichen Prozesse nicht wirklich optimal laufen, ist also extrem viel Kommunikation angesagt.

- Auf die Dauer wird man gut beraten sein, sich eine andere Stelle zu suchen.

Eine weitere Regel des systemischen Prinzips lautet also:

Wenn man eine starke Führungskraft hat, sind die Voraussetzungen für den eigenen Erfolg besonders günstig. Also sollte man sich seine berufliche Stelle so aussuchen, dass man eine starke Führungskraft wählt.

Wie macht man das? Wie sucht man sich eine starke Führungskraft? Das Kurzrezept hierfür lautet:

- Entwicklung der eigenen Sozialkompetenz: Denn zur Sozialkompetenz gehört ganz entscheidend dazu, dass man über genügend Menschenkenntnis und Empathie verfügt, um andere Menschen gut einschätzen und verstehen zu können.
- Training der eigenen Wahrnehmungen: Jeder Tag bietet genügende Gelegenheiten, seine Wahrnehmungen zu schulen, um Unterschiede in der Sozialkompetenz von Menschen zu erheben. So entwickelt sich nach und nach eine Benchmark, welche Menschen besonders sozialkompetent sind.
- In Anlehnung an das Darwin'sche Prinzip vom »survival of the fittest« könnte man formulieren: »selection of the fittest«. Wenn die Benchmark erst einmal gut entwickelt wurde, ist es ein Leichtes, sich eine Führungskraft mit hoher Sozialkompetenz auszuwählen. Man braucht dann »nur« seinem persönlichen Urteil zu vertrauen.

Nun folgt das in einem früheren Kapitel bereits angekündigte Verhaltensmodell, wie man seinen Erfolgsweg weiterentwickeln kann, auch wenn man bei einer schwach gerankten Führungskraft angesiedelt ist:

Vertiefung der Fallstudie fünf: Sie erinnern sich an diese bereits mehrfach zitierte Fallgeschichte. Ein neues Systemmitglied hatte seine Kompetenzen weit überzogen und musste gehen. Auch dem dritten Vorstand wurde mangels Erfolg gekündigt. Zuvor hatte einer der Bereichsleiter (zwei) bereits den Drahtseilakt vollzogen, zwar in direkter Reportinglinie beim dritten Vorstand angebunden, nach und nach die Beziehung zum Vorsitzenden zu intensivieren. Als Mittel hatte er gewählt: Intensivierung der Kommunikation mit beiden.

Das führt manchmal zu Situationen, die vordergründig paradox anmuten, aber letztlich relativ leicht zu lösen sind, wenn man den Weg kennt. Er lautet: der reitende Bote.

Da zwei Menschen oft unterschiedlicher Auffassung sind, braucht es eine doppelte Loyalität, um diesen Spagat aushalten zu können. Wenn also der Ressortvorstand formuliert, dass man in folgender Angelegenheit folgender Auffassung sei, und deutlich wird, dass der Vorsitzende eine andere Meinung hat, so kann man diese Divergenz nur »moderieren«: »Ich habe Ihre Auffassung verstanden. Ich glaube allerdings, dass der Vorsitzende eine andere Meinung hat. Was machen wir nun?«

Und im Gespräch mit dem Vorsitzenden verläuft das Gespräch analog. Nun wird jeder versuchen, diesen reitenden Boten zu vereinnahmen. Das darf in einem solchen Fall aber nicht geschehen, sonst hat man diesen Drahtseilakt verloren: entweder bei seinem Vorstand oder beim Vorsitzenden.

Die Lösung lautet, dass man weiterhin in der Rolle des Moderators bleibt und die sachlichen Unterschiede »dialektisch« aufbereitet vorträgt: »Ihr Kollege ist der Auffassung, dass ..., und hat hierfür folgende Argumente. Dagegen spricht aus Ihrer Sicht ...«

Die Lösung des »reitenden Boten« lautet also: keine Position einnehmen, die Themenstellungen dialektisch-sachlich moderieren.

Als der Vorstand nun gehen musste, zahlte sich der Drahtseilakt des Bereichsleiters zwei aus. Er durfte nicht nur bleiben, sondern wurde sogar gemeinsam mit dem Bereichsleiter eins zum Mitglied der erweiterten Geschäftsleitung befördert.

Ein Jahr später: Der Vorsitzende machte einen neuen Karriereschritt und hatte das Unternehmen verlassen. Sein Nachfolger kam von außen. Ein halbes Jahr später waren die systemischen Rangplätze wie folgt vergeben:

Reale Position	
1	Vorsitzender des Vorstands
2	Bereichsleiter 2
3	Vorstand 2

Der Bereichsleiter zwei hatte es verstanden, sich so klar auf den neuen Vorsitzenden auszurichten, indem er dessen WEIBs erspürte oder vielleicht auch erfragte, dass die beiden eine sehr enge Bindung eingegangen sind. Im Unternehmen wurde das bemerkt: Die beiden treten fast immer als Tandem auf.

Diese Fallstudie zeigt auf, dass man sich auch in sehr schwierigen Konstellationen erfolgreich verhalten kann, wenn man die systemischen Prinzipien beherrscht:

Man kann auch dann reüssieren, wenn man bei einer schwachen Führungskraft angesiedelt ist. Dies erfordert allerdings ein besonderes Geschick.

Das Stützen einer schwachen Führungskraft ist systemisch aus verschiedenen Gründen richtig; die Antithese, allein oder gemeinsam mit anderen an dessen Stuhl zu sägen, wäre kontraproduktiv. Warum?

- Wenn man eine schwache Führungskraft stützt, hilft man damit auch dem System. Man bügelt dessen Schwächen aus, sodass sich mögliche Fehler oder Reibungsverluste im System nicht negativ auswirken können.
- Das System besteht natürlich aus anderen Menschen, die dies bemerken werden. Wenn sich jemand für einen Menschen und für die Sache des Systems einsetzt, wird er Pluspunkte erhalten. Das eigene Konto, die eigene Bilanz aus guten und weniger guten Taten, wird also auf der Habenseite einige weitere Pluspunkte erhalten.
- Das Prinzip der vier Musketiere »Einer für alle, alle für einen« ist ein grundlegend soziales Prinzip: den Schwächeren zu helfen. Wer heute schwach ist, kann morgen stark sein. Und dies kann auch umgekehrt gelten. Also bin ich gut beraten, heute anderen zu helfen. Vielleicht brauche ich dann morgen die Unterstützung, weil ich mich selbst in einer schwächeren Position befinde.
- Wer am Stuhl einer schwachen Führungskraft sägt, handelt sich natürlich den Ruf des Königsmörders ein. In früheren Zeiten hatte diese Strategie durchaus den Erfolg, dass der Königsmörder den Königsstuhl einnahm, und auch heute findet man gelegentlich noch solche Ergebnisse, weil sie von manchen Personen ermöglicht werden. Da ein solches Verhalten aber in den allermeisten Fällen transparent wird, hat der neue König sicherlich kein leichtes Reich zu lenken, weil eine solche Eroberung einer Position als ungerecht angesehen wird. Häufig fällt jemand so, wie er aufgestiegen ist.
- Wer umgekehrt eine schwächere Führungskraft stützt, erweist sich als loyal. So kann man sich möglicherweise sogar als Nachfolger prädestinieren, wenn die Führungskraft dann

durch andere abgesetzt wird. Im umgekehrten Fall eher nicht. Denn wer möchte schon einen Menschen in eine Position bringen, von dem man weiß, dass er bereits einmal an einem Stuhl gesägt hat? Man selbst könnte ja das nächste Opfer sein.

Während die bisherigen Ausführungen darauf abzielten, dass es für jeden Menschen genau eine Person im System gibt, die für den beruflichen Erfolg entscheidend ist, soll dieses Prinzip noch etwas ausführlicher analysiert werden; denn es macht einen Unterschied, ob diese Person zufällig gerade CEO oder Vorstandsvorsitzender im System ist oder nicht.

Also braucht es noch einen erweiterten Blinkwinkel: Wo steht die Person im System, an die Sie berichten? Welche Personen sind darüber? Wer steht an der Spitze?

Einfach ist die Lösung dann, wenn Ihre Führungspersönlichkeit direkt an das systemische Alphatier, den Leitgorilla, berichtet und zwischen diesen beiden ein enges Vertrauensverhältnis besteht. Davon können Sie enorm profitieren: Sie sind indirekt dann ganz in der Nähe der Alpha-Führungskraft und können von ihm selbst und aus der Gestaltung der Ablaufprozesse enorm viel lernen. Diese relative Nähe ermöglicht es wiederum, eigene Gedanken auf kurzem Wege dorthin zu transportieren: indirekt über Ihre Führungskraft und auch direkt, wenn diese einen offenen Führungsstil pflegt (was sie tun sollte).

Komplizierter werden die systemischen Verhältnisse, je weiter Sie vom Zentrum der Macht entfernt sind. In diesem Fall ist es wichtig, dass Sie (und natürlich auch Ihre Führungskraft) einen guten und klaren Blick auf die Alpha-Führungskraft haben: Was zeichnet diesen Menschen aus? Welche Werte verfolgt er? Wie führt er das Unternehmen? Was ist ihm wichtig? Was darf nicht geschehen? Wie prägt er die Unternehmenskultur? Letztlich sollten Sie Ihre Prozesse an diesen Leitlinien ausrichten.

Das ist dann natürlich schwierig, wenn man keinen direkten Blick auf das Leittier hat und auf die vielen indirekten Informationen, die beträchtlich gefiltert sind, angewiesen ist. Vielleicht erklärt dieser Umstand das Chaos, das in vielen Unternehmen im mittleren Management herrscht? Oft hört man, dass man sich »oben« doch ganz schön einig ist und es ganz »unten« auch ganz gut funktioniert, während die mittleren Managementebenen eine »Lähmschicht« darstellen.

Als Folge dieser Verwirrung stellen sich dann sehr viele kommunikative Spielchen ein, die nichts anderes zum Ziel haben, aus Unklarheit Klarheit zu machen und die eigene emotionale Betroffenheit zum Ausdruck zu bringen und zu bewältigen. Diese Spiele heißen zum Beispiel: Gerüchte, Jammern, Lästern, Klagen, etc. Die betroffenen Menschen reagieren also emotional und zeigen mit ihren Gefühlen, dass sie verunsichert sind. Sie bekunden damit, dass sie mit der Situation nicht zufrieden sind, aber selbst keinen Ausweg finden können. Häufig ist diese Reaktion das Muster der schwächsten Mitglieder im System; denn Lästern oder Jammern sind doch eindeutig Ausdruck einer Nichthandlung, die meist ja hinter dem Rücken der Betroffenen stattfindet. Das positive Gegenstück dazu wäre: Wie gehen wir das Problem an? Wie sähe eine gute Lösung aus? Wie können wir mit den Verursachern so ins Gespräch kommen, dass sich die Gesamtsituation bessert?

Wenn ein solcher Prozess gesteuert werden könnte und wenn Lösungsideen vorhanden wären, dann müsste man nur den Mut aufbringen, diesen Weg zu gehen. Er wird aber nicht gegangen, sodass die Vermutung besteht, dass entweder keine Lösungen verfügbar sind und/oder es am Mut mangelt. Beides zeichnet dann leider die systemschwachen Mitglieder aus.

Das Fazit aus diesen Beobachtungen heraus lautet:

Wer zu weit vom Zentrum der Macht entfernt ist und keinen Blick auf die WEIBs des Leittiers hat, muss sich letztlich auf seinen gesunden Menschenverstand verlassen und eigene, sinnvolle WEIBs zur Entfaltung bringen, um erfolgreich zu sein.

Ein solcher Weg stellt aus nachvollziehbaren Gründen einerseits ein besonderes Risiko dar, bietet andererseits aber auch besondere Chancen für den eigenen Erfolg. Wenn nämlich viele andere sich im Jammern und Gerüchteverbreiten über, können Sie sich ganz einfach auf die Umsetzung von sachlich notwendigen Aufgabenstellungen konzentrieren. Das System wird es Ihnen danken!

Nun zur Phase drei, dem Einschätzen und Ausschöpfen des eigenen systemischen Potenzials. Auch hierzu zeigt die vorherige Fallstudie auf, welche Möglichkeiten bestehen. Der Bereichsleiter zwei hat den Aufstieg in der Hierarchie trotz einer sehr schwierigen Ausgangssituation geschafft und ist nun auf dem zweiten Rangplatz angekommen. Er hat sein Potenzial zum aktuellen Zeitpunkt maximal ausgeschöpft.

Wie können wir unser Potenzial erkennen? Jedes Feedback, das wir erfahren, vermittelt uns Einsichten zu unseren Fähigkeiten und Möglichkeiten:

- Der wichtigste Einfluss auf unsere Persönlichkeitsentwicklung geht dabei von unserem Elternhaus aus. Die genetische und sozialisationsbedingte Prägung macht den weitaus überwiegenden Anteil unserer Persönlichkeitsstruktur aus. Doch leider werden sicherlich in den meisten Elternhäusern mit Ausnahme der typischen Erziehungsregeln (das darfst du – das darfst du nicht!) und den unbewusst vermittelten Antreibern (sei höflich, pünktlich, ehrgeizig, zuverlässig, cool ...) keine konkreten direkten Feedbackhinweise erfolgen. Oder stellen Sie die Ausnahme von der Regel dar?
- Dennoch kann es uns gelingen, hier auf indirekte und direkte Art und Weise ein Feedback abzuholen. Zunächst indirekt: Bitte halten Sie kurz inne und fragen Sie sich, welche drei wesentlichen Charaktermerkmale Ihre beiden Eltern, jeweils separat, ausmachen, und schreiben Sie diese auf einen Zettel. Übung beendet? Sie können mit an Sicherheit grenzender Wahrscheinlichkeit davon ausgehen, dass Sie diese Persönlichkeitseigenschaften auch in sich tragen. Ganz direkt können Sie Ihre Eltern befragen, welche besonderen Eigen-

schaften und Talente sie in Ihnen sehen. Warum nicht? Gibt es Berührungsprobleme mit diesem Thema? Führungskräfte, die das noch nie gemacht haben und dann aufgrund von Hinweisen im Coaching den Mut dazu aufbringen, machen oft begeisterte Erfahrungen hinsichtlich ihres Selbstbilds und entwickeln zum Teil die Beziehung zu ihren Eltern auf neue Art und Weise.

- Das erste schriftliche Feedback erhalten wir in aller Regel in der Schule: bei Klassenarbeiten, Prüfungen und in Form des Zeugnisses. Hier werden insbesondere kognitive und körperliche Leistungen bewertet. Erstere lassen sich in typischen Intelligenztests zur Ermittlung des IQ vertiefen und auf standardisierte Art und Weise erheben. Doch sagt der IQ noch nichts darüber aus, welche Potenziale wir entfalten können; denn bekanntlich ernten manchmal die dümmsten Bauern die dicksten Kartoffeln.

- Die entscheidende Frage ist doch vielmehr, was uns in besonderem Maße Freude bei der Ausübung einer Tätigkeit vermittelt; denn wo wir mit ganzem Herzen dabei sind, da sind wir auch motiviert und besonders leistungsbereit und leistungsfähig. Dies erkennen wir aber meistens nur intuitiv – oder wir folgen vielfach Erfahrungen, die wir im Elternhaus machen. So entscheiden wir uns dann mehr oder weniger unbewusst für eine bestimmte berufliche Richtung und müssen oft genug feststellen, dass uns diese vielleicht doch nicht behagt. Es sollte vielmehr so sein, dass sie hoffentlich in den meisten Fällen in hohem Maße auf uns zutrifft.

- Nun sind wir bei einer Tätigkeit angekommen, die uns Freude macht und für die wir neben unseren Interessen auch gut ausgeprägte Fähigkeiten mitbringen. Wie gelingt es nun, hier unser Potenzial zu erkennen?

- Einen Ansatzpunkt vermittelt das Führungsfeedback, wenn solche Systeme im jeweiligen Unternehmen genutzt werden. Für höhere Managementebenen gibt es verwandte Verfahren: von Assessments über Management-Appraisals bis hin zu Coachings. Stehen solche Möglichkeiten nicht zur

Verfügung, hilft immer das Feedback von nahe stehenden Personen[36]: dem Lebenspartner oder einem Freund. Solche Informationen vermitteln Hinweise zu unserem Potenzial. Da die wenigsten Menschen aber darin ausgebildet sind, Potenziale zu analysieren und zurückzuspiegeln, sind wir gut beraten, uns selbst ein Bild davon zu machen. Der wichtigste Faktor hier lautet also: die eigene Selbsterkenntnis systematisch ausprägen und weiterentwickeln. Hierbei ist es sehr wichtig, dass wir regelmäßig Vergleiche zu anderen Personen anstellen, um unseren relativen Potenzialwert einzuschätzen. Im Sport ist das gut möglich: Man braucht nur die Weitsprungergebnisse oder Zeiten für einen Lauf zu nehmen. Das ist die Ausgangsbasis. Dann müssen wir uns ein Bild davon machen, mit welchem Training welcher Leistungszuwachs möglich sein könnte. Ein genauer Trainingsfahrplan hilft dabei: Wo stehe ich nach einem Monat? Wo nach sechs Monaten? Wie haben sich die Ergebnisse entwickelt? Wie lässt sich die Kurve weiter extrapolieren?

Im Management geht es analog. Beobachten Sie, wie sich Topführungskräfte verhalten, und ermitteln Sie, was Sie schon können und was Sie noch lernen sollten. Daraus können Sie auch einen Trainingsfahrplan ableiten und nach jeweils einigen Monaten überprüfen, wie Sie vorangekommen sind. Die Zusammenarbeit mit einem externen Coach ist dabei natürlich von Vorteil. Sie können aber auch ein entsprechendes Selbstcoaching anwenden.

Letztlich führen diese Gedanken zu folgendem Schaubild (siehe S. 158). Sie überlegen, welche Karriereambitionen Sie haben, und schauen nach entsprechenden Vorbildern. Dann überlegen Sie, wie Sie Ihr Trainingsfahrplan voranbringen könnte: Welche zusätzliche Verantwortung wollen Sie wahrnehmen? In welchen Schritten wollen Sie vorgehen? Was ma-

---

[36] Es sind in meiner Diktion immer weibliche und männliche Personen gemeint.

chen Sie mit Misserfolgserlebnissen? Wie planen Sie alles zeit-
lich? Auf welche Managementebene hin wollen Sie sich ausrichten? Oder planen Sie erst einmal sinnvollerweise nur den
nächsten Schritt?

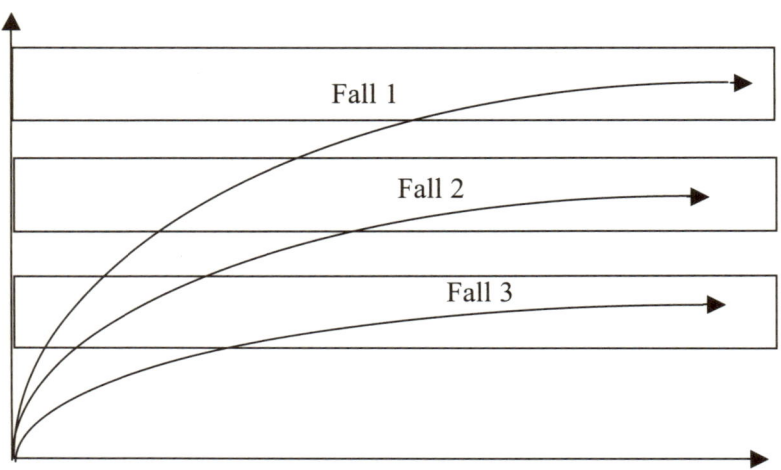

Im Fall eins beschließen Sie, irgendwann im absoluten Topmanagement anzukommen. Eine solche Karriere folgt klaren
Regeln: Oft braucht es eine sehr gute Ausbildung, ein interna-
tionales MBA einer Eliteuniversität und dann »lediglich« den
Einstieg in eines der Topunternehmen, am besten als Vor-
standsassistent. Wenn Sie das Potenzial hierfür haben, dürfte
Ihre Karriere gesichert sein.

Im Fall drei wollen Sie in den nächsten ein bis zwei Jahren
die erste Führungsverantwortung ausüben. Hierfür sollten Sie
ein Gespräch mit Ihrer Führungskraft und, so vorhanden, mit
der Personalentwicklungsabteilung in Ihrem Unternehmen
führen.

Da dieses Buch die systemischen Prinzipien fokussiert und
nicht ein allumfassender Ratgeber »Wie mache ich Karriere?«
ist, seien diese Hinweise auf die wenigen bisherigen Ausfüh-

rungen beschränkt. Aus systemischer Sicht ist in diesem Zusammenhang wichtig, dass Ihr Potenzial sich immer in Relation zu den anderen Systemmitgliedern bestimmt. So kann der Einäugige unter Blinden König sein oder ein hochintelligenter Wissenschaftler unter lauter Nobelpreisträgern systemisch das Schlusslicht darstellen.

Lernen Sie also, ganz ehrlich zu sich selbst, Ihr eigenes Potenzial in der Beobachtung zu Ihren Kollegen zu bestimmen. Es hat wenig Sinn, sich zu viel zuzutrauen und entsprechend zu agieren. Auch in der Bibel findet sich diese Weisheit wieder: Wer sich selbst erhöht, wird erniedrigt werden.

Das Fazit aus den bisherigen Überlegungen lautet also:

Jeder hat eine seinen Fähigkeiten und Potenzialen angemessene systemische Position. Es ist wichtig, diese zu erkennen und entsprechend auszuüben.

Bezüglich der möglichen systemischen Position gibt es wieder mehrere Aussagen:

- Man befindet sich genau auf dieser Position: Das System ist auf diese Person bezogen tendenziell in Ruhe und stabil.
- Man agiert oberhalb der Position: Wenn man hier nicht einen ganz starken Mentor hat, der einem dies ganz bewusst zusteht, wird das System daran arbeiten, den Positionsinhaber downzugraden. Solche Phänomene werden gern mit dem Begriff »geliehene Macht« bezeichnet. Eine starke und schützende Hand breitet sich über einem Menschen aus, der dadurch mehr darf, als es in seiner systemischen Position normalerweise erlaubt ist. Letztlich ist diese Position auf die Dauer nicht stabil, weil das System erkennt, dass dieses Spiel nur durch die Stütze einer anderen Person, dessen Kräfte es kostet, funktioniert.
- Man agiert unterhalb der Position: Auch hier kommt es auf die anderen Personen an. Wenn das Potenzial von anderen

erkannt und gefördert wird, kann ein Wachstumsprozess beginnen.

Das System tendiert immer in Richtung der bestmöglichen Stabilität und wird so lange Anpassungsmaßnahmen vornehmen, bis diese erreicht ist. Diese Veränderungsprozesse selbst können mehr oder minder schmerzhaft sein.

• Ein Downgraden ist immer betont schmerzhaft, da dies meist mit einem Gesichtsverlust verbunden ist.
• Ein Upgraden kann aber auch schwierig sein, weil sich der Positionsinhaber möglicherweise nicht sicher ist, ob er der höheren Verantwortung auch gewachsen ist.

Nachdem man nun seinen persönlichen Entwicklungsplan definiert und gleichzeitig im aktuellen System überprüft hat, welches relative Potenzial man aktuell einnimmt und welche relativen Potenzialdifferenzen entwickelt werden können, kann nun der Trainingsfahrplan entwickelt werden. Der wichtigste Erfolgsfaktor ist letztlich die Sozialkompetenz: Also geht es darum, diese zu entwickeln.

Abschließend sollen die in diesem Kapitel erläuterten wichtigsten systemischen »Gesetze« beziehungsweise »Regeln« noch einmal zusammengefasst werden:

• **Die Werte der eigenen Führungskraft sollten möglichst genau erkannt und beachtet werden.**
• **Es ist sinnvoll, eine besonders enge Beziehung zur eigenen Führungskraft zu entwickeln.**
• **Wenn man eine starke Führungskraft hat, sind die Voraussetzungen für den eigenen Erfolg besonders günstig. Also sollte man sich seine berufliche Stelle so aussuchen, dass man eine starke Führungskraft wählt.**
• **Man kann auch dann reüssieren, wenn man bei einer schwachen Führungskraft angesiedelt ist. Dies erfordert allerdings ein besonderes Geschick.**

- Wer zu weit vom Zentrum der Macht entfernt ist und keinen Blick auf die WEIBs des Leittiers hat, muss sich letztlich auf seinen gesunden Menschenverstand verlassen und eigene, sinnvolle WEIBs zur Entfaltung bringen, um erfolgreich zu sein.
- Jeder hat eine seinen Fähigkeiten und Potenzialen angemessene systemische Position. Es ist wichtig, diese zu erkennen und entsprechend auszuüben.

11.

Sozialkompetenz ist der wichtigste Erfolgsfaktor

Für den Erfolg von Menschen können idealtypisch nur zwei Kompetenzfaktoren unterschieden werden:

- Sachkompetenz und
- Sozialkompetenz

Die Sachkompetenz beschreibt, welche »sachlichen« Fähigkeiten für die Lösung einer Aufgabe vorhanden sein müssen. Dies sind zum einen physische Fähigkeiten, wie handwerkliches Geschick oder körperliche Bewegungsabläufe (Sport) und zum anderen psychische Fähigkeiten: Fachwissen, Methodenwissen, Intelligenz, etc. Während die Sachkompetenz darauf ausgerichtet ist, **was** jemand tut, beschreibt die Sozialkompetenz, **wie** er es tut.

So kann ein Mensch eine enorm hohe Sachkompetenz haben, aber nur mit einer geringen Sozialkompetenz ausgestattet sein, oder umgekehrt eine eher geringe Sachkompetenz haben, aber sehr hohe Werte in der Sozialkompetenz besitzen. Bitte denken Sie kurz über Ihre Erfahrungen nach: Wer dürfte Ihrer Meinung nach erfolgreicher sein?

Um diese Frage zu beantworten, soll nun die Sozialkompetenz ausführlicher erörtert werden. In verschiedenen Gesprächen in Coachings und Trainings werden typischerweise folgende Fragen gestellt, die hier genutzt werden, um das Thema der Sozialkompetenz in Form eines roten Fadens abzubilden:

Was meint Sozialkompetenz genau?

Sozialkompetenz meint die Kompetenz von Menschen, mit anderen Menschen sinnvoll umzugehen, und zwar so, dass der Umgang von allen beteiligten Personen als sinnvoll eingestuft wird. Als positiv sinnstiftend bewerten Menschen einen Umgang, der ihnen Vorteile und positive Gefühle verschafft. Das Win-win-Prinzip beschreibt ein solches Ereignis: Eine Interaktion zwischen Menschen führt zu dem Ergebnis, dass sich alle Beteiligten als Gewinner fühlen. Eine andere Form der Darstellung wäre das Biophilie-Prinzip, das Rupert Lay wie folgt formuliert: Handle stets so, dass du eigenen und fremden Nutzen mehrst.

Die Fähigkeit, so zu handeln, setzt Sozialkompetenz voraus; denn das eigene Handeln findet (vom Einsiedler abgesehen) immer im Kontext mit anderen Menschen statt. Also verlangt unser Handeln die Kompetenz, die Wirkungen unseres Handelns auf andere Menschen einschätzen zu können und unser Handeln so auszurichten, dass andere Menschen es als positiv sinnstiftend und nutzbringend empfinden werden.

Ein Teil der Sozialkompetenz meint also das Verstehen und Berücksichtigen der Wirkung unseres Handelns auf einen anderen oder mehrere andere Menschen. Als größte Ausformung von Sozialkompetenz kann die Kompetenz definiert werden, dass Handeln auf das gesamte soziale System hin auszurichten.

Was meinen Sie mit dieser Formulierung: das gesamte soziale System?

Es gibt jede Menge von Verhaltensweisen von Menschen in sozialen Systemen, die zunächst einmal in der engeren bisherigen Definition und Beschreibung keine direkte Auswirkung auf einen bestimmten anderen Menschen haben. Ein Beispiel von vielen: Ein Mitglied eines sozialen Systems erbringt eine deutlich geringere Leistung als die meisten anderen. Die Gründe dafür mögen sein: Faulheit, Bequemlichkeit, Nachlässigkeit, etc. Ein solcher Mensch belastet damit das soziale System insgesamt. Er lebt als Schmarotzer und nutzt bestimmte Vorteile des Systems für seine egoistischen Interessen aus. In der erweiterten Definition fehlt es diesem Menschen daher in erheblichem Maße an Sozialkompetenz, weil er sich unsozial verhält; denn er lässt andere für sich arbeiten, bringt keine adäquaten Beiträge ein und geht durch Nachlässigkeiten Risiken ein, die zum Nachteil des Systems werden können, etc.

Welche anderen Fälle gibt es?

Wir können so viele verschiedene Fälle unterscheiden, wie es Menschen gibt. Obiger Fall, der egoistische Schmarotzer, ist jemand, der zwar könnte, aber vor lauter Faulheit heraus nicht will. Nun kann man den umgekehrten Fall anschauen: Jemand will zwar, aber er kann nicht. Das wäre jemand, der immer aktiv dabei ist, aber in seinen Gedanken oder Aktionen unklar ist und eher für Verwirrung sorgt, als dass er zur Klarheit der Prozesse beiträgt.

Oder jemand würde gern wollen, traut sich aber nicht. Kennen Sie dieses gespaltene Gefühl: das erste Mal vom Dreimeterbrett im Schwimmbad zu springen? Von unten sieht es ganz einfach aus. Die anderen sind ja auch schon gesprungen. Dann stehen Sie oben und spüren dieses Reißen im Kopf und im

Bauch. Eine Stimme in Ihnen spricht: »Es ist ganz leicht. Das hast du ja von unten gesehen. Die anderen sind doch auch gesprungen. Blamier dich jetzt bloß nicht.« Die andere Stimme spricht: »Es fühlt sich ganz merkwürdig an. Es ist besser, nicht zu springen. Das kribbelt im Bauch so komisch.«

Auf das Handeln in beruflichen Situationen bezogen gibt es solche Momente sehr oft. Man würde gern dem Kollegen oder dem Chef die Meinung sagen. Was ist aber, wenn er mir den sachlich gerechtfertigten Hinweis übel nimmt und der Kollege mir zukünftig das Leben in der Firma schwer macht? Oder mein Chef gekränkt ist und ich dann bei ihm auf keinen grünen Zweig mehr komme? Oder jemand würde gern erstmals die Verantwortung für ein bestimmtes Tun übernehmen, ob es das Schreiben eines Protokolls ist oder die Leitung eines Projekts. Gleichzeitig meldet sich dann aber die andere Stimme: Was ist, wenn mein Chef das Protokoll nicht akzeptiert? Was ist, wenn ich in der Leitung des Projekts versage? Also melde ich mich lieber nicht und lasse den anderen den Vortritt.

Das kann dann zu dem Ergebnis führen, dass man sich nicht meldet und wieder dieselben Akteure tätig werden, die sowieso schon höhere Belastungen übernehmen und sich vielleicht sogar zu Recht beschweren, dass sie immer mehr machen als andere.

Auch hier sind die Leistungsbeiträge zum Funktionieren des Systems nicht mit den Leistungsmöglichkeiten äquivalent. Die Motive, aus denen heraus eine eigentlich notwendige und sinnvolle Handlung unterbleibt, sind sehr unterschiedlich.

Welche Elemente gehören zur Sozialkompetenz?
Was sind die bestimmenden Faktoren von Sozialkompetenz?

Hierzu gehört vor allem, ein recht zutreffendes Bild von sich selbst entwickelt zu haben. Ich sollte wissen, wie ich bin – im Unterschied zu anderen Menschen. Wie entwickelt man ein solches Bild? Durch eine offene und selbstreflexive Beobachtung von anderen Menschen und von sich selbst. Das klingt relativ einfach, ist aber leider sehr schwierig. Im Wege steht uns Menschen hierbei, dass uns solche Gedanken unangenehme Erfahrungen bescheren können, die uns Unlustgefühle verschaffen; also besteht eine große Bereitschaft, dies eher nicht zu tun.

Nehmen wir ein Beispiel: Angenommen, ein Kollege in der Firma ist ein hervorragender Rhetoriker. In allen Sitzungen liefert er klar durchdachte und gut strukturierte Beiträge. Was er sagt, hat Hand und Fuß. Ich selbst hingegen werde von den Kollegen anders eingeschätzt. Man erkennt bei mir eine gewisse Hemmung, den Mund aufzumachen, weil ich mich nur selten zu Wort melde, und meine Beiträge sind auch nicht so klar und nicht so gut strukturiert.

Welches Bild habe ich selbst entwickelt? Da gibt es sehr viele Möglichkeiten:

- Möglicherweise sind mir diese Zusammenhänge bewusst. Wenn mir der Kollege, aus welchen Gründen auch immer, unsympathisch ist, könnte eine Reaktion meinerseits darin bestehen, ihn abzuwerten: Dieser arrogante Akademiker mit seinen wohl gesetzten Worten!
- Ist mir der Kollege hingegen sympathisch, so kann ich ihn für seine rhetorischen Fähigkeiten bewundern. Gleichzeitig hängt es von meinen weiteren Persönlichkeitseigenschaften ab, wie ich damit umgehe. Habe ich ein eher gering ausgeprägtes Selbstvertrauen[37], so werde ich vielleicht mit den

---

[37] Umgangssprachlich nutzen wir gern den Begriff »Selbstbewusstsein«. Ich hingegen bevorzuge das Wort Selbstvertrauen, weil es die Ursache klarer zum Ausdruck bringt. Wenn ich mir selbst vertraue, dann traue ich mich auch. Ich kann mir meines Selbsts sehr gut bewusst bin, aber über ein eher ängstlich ausgeprägtes Selbst verfügen. Dann werde ich mich nicht trauen. Umgangssprachlich hingegen wird der Begriff Selbstbewusstsein im Sinne von Selbstvertrauen verwendet.

Schultern zucken und sagen: »Na gut, der hat ja auch studiert. Das war mir verwehrt, weil meine Eltern das nicht finanzieren konnten. Also habe ich da eben einen Nachteil.« Ein solcher innerer Satz führt dazu, dass ich diesen Nachteil akzeptiere und möglicherweise auch darunter leide. Mit etwas mehr Selbstvertrauen kann ich aber auch den Entschluss fassen, meine rhetorischen Fähigkeiten zu entwickeln, und mir hierfür einen Plan machen: »Ich kaufe jetzt erst einmal ein Buch und dann besuche ich einen Kurs in der Volkshochschule. Oder ich bitte meinen Chef, dass er mir ein Seminar genehmigt.«

- Während die vorherigen Lösungsmuster schon eine beträchtliche kognitiv-selbstreflexive Leistung darstellen und auf der bewussten Ebene stattfinden, kann eine weitere Differenzierung darin bestehen, dass mir dieser Unterschied gar nicht bewusst wird. So erlebe ich möglicherweise keinen Unterschied zwischen der geschliffenen Rhetorik des Kollegen und meinem unklaren Gestammel. Es gibt sogar noch eine Steigerung: Vielleicht bin ich von meinen Ausführungen regelmäßig begeistert, während ich die Redebeiträge des Kollegen als kalt, stumpf und unbedeutend erlebe!

Sie sehen, dass eine kritische Selbstreflexion gar nicht so einfach ist. Der Weg hierzu führt meistens über die Rückspiegelung, die wir von anderen Menschen erhalten: zum Beispiel das erste Führungsfeedback von unserem Vorgesetzten. Wenn dies in einer Form erfolgt, die unsere Person achtet, auch wenn uns kritische Hinweise weitergegeben werden, dann können sie auf einen fruchtbaren Boden fallen und einen Prozess der Selbstbeobachtung in Gang setzen. Erfolgt das Feedback hingegen in wenig achtsamer Form, so können wir uns möglicherweise auch in die heile Welt unseres Schneckenhauses zurückziehen und den Feedbackgeber verteufeln.

Also gehört offensichtlich zur eigenen Sozialkompetenz dazu, dass wir offen und selbstkritisch die Rückspiegelungen anderer Menschen zu uns selbst annehmen, mit unserem bisherigen Selbstbild vergleichen und sinnvolle Schlüsse daraus ziehen.[38]

Wie entwickelt man diese Fähigkeiten der Selbstwahrnehmung und Selbstreflexion?

Die Grundlage hierfür ist Offenheit: Ich sollte jederzeit offen sein für neue Beobachtungen – meiner Mitmenschen und meiner selbst. Hierzu gehört, dass ich aufmerksam höre und schaue und nicht gleich auf jedes Gehörte und Gesehene mit einer bereits gebildeten Meinung reagiere. Der Prozess lautet also: mit allen meinen Sinnen beobachten (hören, schauen, spüren ...), dann diese Beobachtungen reflektieren, überdenken, bewerten und erst dann Schlüsse daraus ziehen. Eine weitere Voraussetzung ist, dass ich auch kritische Erkenntnisse annehmen kann und nicht abwehre. Die nächste Stufe nach der Selbsterkenntnis ist also die Selbstannahme: Ich kann mein Selbst so akzeptieren, wie ich bin; auch mit meinen kritischen Persönlichkeitsanteilen, die mir nicht gefallen. Auf dieser Basis ist es dann möglich, dass sich Veränderungsprozesse in meiner Persönlichkeit einstellen. Hierzu wieder eine Fallgeschichte:

Nach 15 Jahren kündigt eine Führungskraft ihren Arbeitsplatz, indem sie am 30. Juni um 17 Uhr ein Schreiben abgibt, ohne mit dem Vorstandsvorsitzenden oder dem Ressortvorstand hierüber ein Gespräch zu führen. Es ergibt sich folgender weiterer Verlauf.

Der Vorstandsvorsitzende verabredet sich telefonisch für den kommenden Sonntag mit dieser Führungskraft zum

---

[38] Aus einem Coachinggespräch ein schönes Bild hierzu: Wenn man Menschen einen Spiegel vorhält, gibt es zwei sehr unterschiedliche Möglichkeiten, wie diese damit umgehen. Die einen schauen aufmerksam hinein und betrachten ihr Spiegelbild. Die anderen werfen einen Stein hinein.

Mittagessen und versucht sie zum Bleiben zu bewegen. Diese lehnt das ab. Auf seine Fragen hin, bei welchem Unternehmen sie zukünftig in welcher Aufgabe tätig sein werde, verweigert sie die Antwort. Er bittet sie daraufhin, auch dies noch einmal zu überdenken und ihm oder einer anderen Person offen zu sagen, welchen nächsten beruflichen Schritt sie tun wolle.

Wenige Tage später findet mit dem zuständigen Ressortvorstand im Beisein des Personalleiters ein weiteres Gespräch statt. Auch hier nennt die ausscheidende Führungskraft nicht Ross und Reiter, sondern formuliert ganz abstrakt, dass sie zu einer Aktiengesellschaft gehen würde und aus Gründen der Insiderrichtlinien zum Schweigen verpflichtet sei. Man verabredet sich zu einem weiteren Treffen, das wenige Tage später stattfindet. Hier äußert sie nun, dass sie in Verbindung zu einem Unternehmen steht, das in derselben Region und in derselben Branche tätig ist wie das Unternehmen, bei dem sie aktuell beschäftigt ist.

Der Vorstand entscheidet daraufhin aus Gründen des Kundenschutzes und der Wahrung der Interessen des eigenen Unternehmens, sie in eine entfernte Niederlassung zu versetzen. Sie nimmt ihre Arbeit dort nicht auf, sondern meldet sich krank.

Die Mitarbeiter des eigenen Teams sind höchst betroffen, wie das Unternehmen mit dieser Führungskraft, die sich viele Jahre loyal und engagiert für die Aufgabe eingesetzt hat, umgeht. In Gesprächen unter Kollegen macht man seinem Ärger Luft und beschuldigt den Vorstand, einen harten Kurs zu fahren und diese Führungskraft ungerecht zu behandeln.

Allerdings kennt kein Mitarbeiter den genauen Ablauf, weil der Vorstand, aus welchen Gründen auch immer, entschieden hat, diesen Ablaufprozess nicht offen zu kommunizieren. Die Mitarbeiter sind also nicht darüber informiert worden, dass die Führungskraft zunächst keine Angaben über den beabsichtigten Wechsel, dann unklare und schließlich widersprüchliche getätigt hat. Auch vom Mittagessen und dem Versuch, die Führungskraft zum Bleiben zu bewegen, wissen die meisten nichts. Zudem ist nicht bekannt, dass eine sehr angesehene und juristisch bewanderte Führungskraft in eigener Initiative und vertraulich die ausscheidende Führungskraft beraten hat und die sachlich richtigen Hinweise von dieser aber nicht beachtet worden sind.

Die Stimmung in der Mannschaft und die Schuldzuweisung auf den Vorstand sind leider gerechtfertigt; denn die Mitarbeiter wissen von dem tatsächlichen Ablauf des Vorgangs nichts und können aufgrund einer äußerst einseitigen Wahrnehmung nur zu diesem negativen Bild kommen. Hätte der Vorstand den Ablauf offen und ehrlich kommuniziert, hätte sich bei den Mitarbeitern ein anderes Bild entwickelt.

Die Quittung des Systems: Für die Führungskraft selbst ist dieses Verhalten äußerst ungünstig. Sie hinterlässt einen Scherbenhaufen. Nach der umgangssprachlichen Regel, dass man sich im Leben häufig zweimal trifft, hat sie für die Zukunft mit einer Belastung zu rechnen. Sie hat verbrannte Erde hinterlassen und kann weder damit rechnen, dass dieses Unternehmen für sie als positive Referenz dient, noch, dass sie gegebenenfalls zu diesem Unternehmen zurückgehen kann, wenn sie feststellen sollte, dass die neue Aufgabe im neuen Unternehmen überhaupt nicht ihren Erwartungen entsprechen sollte. Ferner kann angenommen werden, dass vielleicht weitere negative Folgen eintreten werden, zumal sie in derselben Region tätig bleiben wird.

Hätte sie umgekehrt beim Ausscheiden einen fairen, transparenten und offenen Prozess gestaltet, wären die Türen offen geblieben. Es gibt viele Belege dafür, dass jemand einen Wechsel schon in der Probezeit rückgängig macht oder nach einigen Jahren der Karriere in einem anderen Unternehmen eine nächsthöhere Position in einem früheren Unternehmen einnimmt.

Warum sind Menschen nicht offen?

Sie sind dann nicht offen, wenn sie, aus welchen Gründen auch immer, meinen, etwas zurückhalten zu müssen. Hierfür gibt es zahlreiche Einflussfaktoren. So kann jemand ein mangelndes Selbstwertgefühl besitzen und möchte natürlich nicht, dass anderen dies auffällt. Also kaschiert er es so gut wie möglich. Diese Maskierungsversuche können sich unterschiedlicher Techniken bedienen: Jemand kann eher introvertiert und schüchtern daherkommen oder genau umgekehrt besonders tough und aggressiv erscheinen. Viele Menschen lassen sich allerdings von der Maske der scheinbar selbstbewussten Persönlichkeit täuschen und folgen den lauter und dominanter daherkommenden Menschen eher als den leiser vorgetragenen Argumenten (siehe hierzu ein früheres Kapitel). Ferner können Menschen etwas zurückhalten, was sie bei anderen in einem schlechten Licht erscheinen lässt. Oder worüber sie sich schämen. Oder wenn sie sich etwas nicht zutrauen. Zusammengefasst sind es also alles Elemente, mit denen wir in unserem Selbst nicht zufrieden sind.

Der Vorgang des Kaschierens nun aber benötigt Energie. Man muss etwas aktiv dafür tun, um etwas zu verbergen. Das Tragen einer Maske kostet Kraft. Es kommt hinzu, dass wir dann in unseren Gehirnprozessen darauf fokussiert sind, diese Maske zu konstruieren und aufrechtzuerhalten. Andere Dinge werden sich dann weniger in das Feld unserer Aufmerksamkeit bewegen können. Uns entgehen damit wichtige Informationen. Wir blenden uns also aus dem aktuellen Geschehen aus und können somit auf Entwicklungen auch wenig Einfluss nehmen.

Wenn Menschen einem solchen Verhaltensmodell folgen, dann sind sie hinterher wahrscheinlich sogar froh, dass ihr Täuschungsmanöver funktioniert hat: Gut, dass mich der Lehrer nicht aufgerufen hat, weil ich die Antwort auf die Frage nicht gewusst hätte. Schön, dass ich mich wieder durchgemogelt habe.

Haben Sie nicht auch schon bemerkt, dass Menschen in solchen Situationen dazu neigen, den Blick auf den Boden zu senken? Bei Kindern ist es besonders auffällig; frei nach dem Motto: Wenn ich ihn nicht ansehe, dann sieht er mich auch nicht.

Sie können dieses Verhalten aber auch bei Erwachsenen beobachten. Machen Sie folgenden Test: Sie sind das Alpha-Tier in einer Sitzung und stellen am Anfang die Frage, wer dieses Mal das Protokoll schreiben möchte. Sie werden einige gesenkte Köpfe sehen können!

Was ist das Fazit hieraus? Ja, durchmogeln geht. Der Preis dafür besteht darin,

- dass solche Menschen Energieverschwendung für das Konstruieren der Maske aufwenden,
- in ihrem Lernen und in ihrer Persönlichkeitsentwicklung stehen bleiben,
- auf aktuelle Prozesse wenig oder keinen Einfluss nehmen können und
- damit ihren persönlichen Erfolg reduzieren.

Welchen Ausweg gibt es aus dieser Falle?

Der Ausweg ist relativ einfach formuliert, für viele Menschen aber offensichtlich schwierig in der Umsetzung. Er heißt: Zu seinen Fehlern und Schwächen stehen! Wenn man ein genügend gut ausgeprägtes Selbstwertgefühl hat, dann kann man auch einräumen, dass man etwas nicht weiß oder nicht verstanden hat. Das Wissen, das ein einzelner Mensch erwerben kann, ist ein Sandkorn in Relation zu dem Wissensspeicher, den das uns bekannte Universum zur Verfügung stellt. Der Anteil ist nicht als Zahlenrelation auszudrücken, so klein ist er.

Dennoch kommen viele Menschen daher und geben vor, genau Bescheid zu wissen. Je mehr ein Mensch diesen Ausdruck pflegt, umso weniger wird er wissen und dazulernen. Also ist es doch wohl besser, eher in die Haltung eines Sokrates zu gehen. Das ermöglicht ein ständiges Hinzugewinnen von Informationen und Erfahrungen.

Zu seinen Fehlern und Schwächen zu stehen ist auch viel leichter als gedacht:

> Der Trainer führte in einem Seminar folgende Vorstellungsrunde durch. Er ließ jeweils immer zwei Teilnehmer ein Gespräch miteinander führen und gab hierfür einige Stichworte vor. Zum Beispiel: Hobbys, Interessen, persönliche Stärken, persönliche Entwicklungsfelder, Lebenstraum, etc.
>
> Nach dem persönlichen Gespräch wurde dann der eine Gesprächspartner vom jeweils anderen im Plenum vorgestellt. Das Ergebnis war für alle Teilnehmer überraschend: Es war ganz natürlich, über die Entwicklungsfelder (gleich Schwächen) zu sprechen, weil jeder seine Schwächen im persönlichen Gespräch relativ offen zum Ausdruck gebracht hatte. Man stellte fest, dass man mit seinen individuellen Schwächen nicht allein auf der Welt ist, sondern andere ähnliche oder auch ganz andere Probleme haben.

Letztlich braucht es nur ein gesundes Selbstvertrauen, zu seinen persönlichen Eigenheiten zu stehen.

> Wie entwickelt man es, wenn es einem nicht vom Elternhaus in die Wiege gelegt worden sein sollte?

Hierfür bieten sich viele Wege an:

- Der Weg der Selbstanalyse und Selbstmotivation: Man sollte sich möglichst ehrlich betrachten und analysieren. Was sind meine besonderen Stärken? Wie erlebe ich meine Schwächen? Diese Bilanz sollte wirklich sehr aufrichtig gemacht werden. Im nächsten Schritt werden Schwächen und Stärken gegenübergestellt. Dabei stellt man schnell fest, dass Schwächen und Stärken ganz relativ sind. Hinter jeder Schwäche lauert eine Stärke und umgekehrt. So gesehen kann man seine Schwächen schon viel leichter akzeptieren, wenn man den dialektischen Blick auf die ihr innewohnende Stärke lenkt. Ein Beispiel? Jemand empfindet sich eher als zurückhaltend, vorsichtig und langsam, wenn er sich mit den Schnelleren, Mutigeren und Aktiveren vergleicht. Was ist die Stärke der Langsamkeit, was ist der Vorteil der Vorsicht? Die Antworten führen in den Bereich von Tiefgründigkeit, Absicherung, Qualität, etc.[39]

- Der Weg des motivierenden Feedbacks von anderen Menschen: dem Lebenspartner, einem Freund, einem Kollegen, der Führungskraft. Ja, es verlangt ein wenig Mut, anderen Menschen diese Frage zu stellen: Was siehst du an Besonderheiten in mir? Was empfindest du als eine besondere Stärke, die du in mir siehst? Ich verspreche Ihnen, dass sich der Mut auszahlt, wenn Sie solche Fragen stellen.

- Der Weg von Coaching und Therapie

Ist Ehrlichkeit auch ein wichtiges Element von Sozialkompetenz?

Ja. Offenheit und Ehrlichkeit sind eng miteinander verknüpft. Ehrlich zu sich selbst zu sein ist eine Voraussetzung für die Selbstannahme von kritischen Punkten, mit denen man nicht zufrieden ist. Ehrlich zu anderen zu sein ist eine der wesent-

---

[39] Ein gutes selbsttherapeutisches Buch ist »Die Entdeckung der Langsamkeit« von Stan Nadolny. Es ist zwar ein Roman, aber so gut geschrieben, dass die Relation aus Schnelligkeit und Langsamkeit besser verstanden werden kann. Interessanterweise können viele »schnelle« Menschen die Botschaft des Buches nicht verstehen, weil sie dort ganz offensichtlich einen blinden Fleck haben!

lichsten Voraussetzungen für Sozialität. Zahlreiche Sprichwörter, die immer Lebensweisheiten transportieren, belegen dies: Wie man in den Wald hineinruft, so schallt es heraus. Wie du mir, so ich dir. Wer anderen eine Grube gräbt, fällt selbst hinein.

Kann man denn immer ehrlich sein?

Das ist eine sehr gute Frage! Unter bestimmten Voraussetzungen kann ich immer ehrlich sein:

- Wenn mir im Vorhinein klar ist, welche Wirkungen meine Ehrlichkeit zur Folge hat, und ich die Konsequenzen daraus tragen kann
- Wenn mir im Vorhinein nicht klar sein sollte, welche Wirkungen meine Ehrlichkeit hat, und ich mit allen, möglicherweise auch negativen Folgen meiner Ehrlichkeit ohne psychische oder physische Nachteile leben kann
- Wenn meine Ehrlichkeit von anderen auch positiv angenommen und geschätzt wird
- Wenn mir aus meiner Ehrlichkeit heraus keine Nachteile erwachsen

Da uns Menschen viele Reaktionen auf unser Handeln im Vorhinein nicht klar sein können, ziehen wir in manchen Situationen den berechtigten Schluss, dass Vorsicht eher angebracht ist als Mut: zum Beispiel einem jähzornigen Vorgesetzten, einem Brüllaffen, die ehrliche Meinung zu sagen. Die kann so viele berufliche und persönliche Nachteile mit sich bringen, dass wir zur Unehrlichkeit geradezu gezwungen werden.

Hier spielt das systemische Prinzip wieder eine ganz erhebliche Rolle. Wenn mein Obergorilla ein zwar sehr mächtiges, aber auch äußerst launisches und jähzorniges Tier ist, bin ich gut beraten, meinen Mund nicht aufzumachen, um es unnötig zu reizen. Die Konsequenzen könnten fürchterlich sein.

Ein systemisch formuliertes Gesetz könnte also lauten: Sei zwar immer offen und ehrlich, aber nur dann, wenn es dir systemisch auch wirklich möglich ist.

Was ist mit der Konfliktfähigkeit? Ist sie auch Bestandteil der Sozialkompetenz?

Dies ist eine sehr schöne Anschlussfrage an die vorherigen Ausführungen. Ja, Konfliktfähigkeit ist ein sehr wichtiger Bestandteil von Sozialkompetenz. Es verlangt eine gehörige Portion Rückgrat, Zivilcourage und Mut, einem anderen Systemmitglied kritische Dinge zu sagen.

Nun sind wir Menschen zunächst einmal wenig konfliktfähig; denn Konflikte bereiten uns Unlustgefühle. Wir sind also bestrebt, Konflikten erst einmal aus dem Weg zu gehen.

Die Konsequenz ist dann leider, dass der Konflikt sich nicht selbst auflöst, sondern im Grunde bestehen bleibt, auch wenn er vielleicht nicht mehr manifest ist. Das kann der Streit mit dem Nachbarn sein, dem wir aus dem Weg gehen und mit dem wir kein Wort wechseln, oder ein anderes Problem, das dann unter den Teppich gekehrt wird. Bei einer nächsten Gelegenheit kann dieser latente Konflikt aber wieder aufbrechen und führt dann meistens zu einer Eskalation.

Wir sind also gut beraten, Konflikte zu lösen. Das erfordert zwar erst einmal Kraft und Mut, führt dann aber zu einem befreiten Leben.

Kann man Konfliktfähigkeit lernen?

Konfliktfähigkeit lernt man am besten so, dass man sich seine latenten Konflikte bewusst macht und damit beginnt zu versuchen, die kleineren Konflikte zu lösen. Nach und nach wird man sicherer werden und mehr Selbstvertrauen gewinnen. Dann kann man sich die mittleren und schließlich die größeren Konflikte vornehmen.

Hilfreich ist hier immer das Einschalten von sozialen Beziehungen: Man kann seinen Mann oder seine Frau, seinen besten Freund oder seine beste Freundin um Rat fragen. Je mehr Meinungen man einholt, umso differenzierter wird das Bild. Gleichzeitig sollten wir beobachten und bewerten, welcher Rat uns zuteil wird. Dahinter spiegelt sich das Persönlichkeitsmuster anderer Menschen wider: Die mutigeren von ihnen werden eher zur Aktivität raten, die vorsichtigeren eher abraten, etwas zu tun. Wichtig wäre vor allem ein Rat, **wie** man den Konflikt lösen könnte.

Ein aktives Konfliktmanagement führt dann unweigerlich zu einem Upgrade im System! Wenn ich mir nicht alles von meinen Kollegen gefallen lasse, sondern aktiv Probleme anspreche und Konflikte löse, werde ich stärker und stärker und im System schließlich eine höhere Position einnehmen; denn die Erfahrung ist, dass Menschen allgemein eher nicht sehr konfliktfähig sind.

Konfliktfähigkeit im Sinne von Sozialkompetenz heißt aber auch, die Konflikte möglichst im Sinne des Win-win-Prinzips zu lösen – so, dass der andere daraus einen Nutzen ziehen kann.

Wie geht das? Können Sie einen Weg aufzeigen, den jeder gehen kann?

Hierzu ein kleines Beispiel aus der Praxis:

Ein Trainer bekam vom Vorstand einer Bank den Auftrag, seine Führungskräfte konfliktfähiger zu machen. Er beklagte, dass sie im Vorstand viel zu oft ja sagen und keine kritische Meinung äußern würden.

An vier Trainingstagen wurde in Form von vielen Rollenspielen eingeübt, wie man schwierige Konfliktsituationen so anspricht, dass für den Betroffenen eine Win-win-Situation möglich ist. Danach erteilte der Trainer den Führungskräften den Auftrag, mit ihrem Vorgesetzten ein Thema anzusprechen, das sie gern anders geregelt hätten.

Der Widerstand der Teilnehmer war enorm! Sie widersetzten sich diesem Auftrag. Da der Trainer diese Aufgabe zuvor mit dem Vorstand abgestimmt hatte, wurden sie nun verpflichtet.

Anhand eines schriftlichen Protokolls mussten sie nachweisen, wie sie das Gespräch geführt hatten und welches Ergebnis zustande kam.

- 80 Prozent hatten mit ihrem Gespräch einen vollen Erfolg erzielt!
- Zehn Prozent hatten das Gespräch nicht richtig geführt. Das konnte aus dem Protokoll abgeleitet werden.
- Zehn Prozent hatten einen Vorgesetzten, mit dem es grundsätzlich nicht einfach ist, ein solches Gespräch zu führen; auch das war aus dem Protokoll abzuleiten.

Trotz eines intensiven Trainings waren die Teilnehmer nicht bereit, den systemisch schwierigsten Fall, einen Konflikt mit dem Vorgesetzten, anzusprechen, anzugehen. Sie handelten nur aufgrund des Zwangs. Das Ergebnis war überaus positiv: 80 Prozent hatten einen Erfolg zu verzeichnen! Als dies am fünften Seminartag berichtet und ausführlich besprochen wurde, waren viele Teilnehmer kaum wieder zu erkennen: Sie strahlten vor Freude ob ihres Erfolgs und führten aus, dass sie zukünftig mutiger in der Lösung von Konflikten sein würden.

Neben diesem Erfolg, der in der Stärkung des Selbstvertrauens bestand, können daraus insgesamt positiv gestärkte soziale Beziehungen entstehen; denn ein im Sinne des Winwin-Prinzips gelöster Konflikt bietet dem anderen ja auch einen Nutzen. Daraus entwickelt sich meistens eine verbesserte soziale Beziehung, wie folgendes Fallbeispiel zeigt:

Eine Führungskraft wird zum Coaching geschickt mit dem Auftrag, ihr zu helfen, mehr Durchsetzungsvermögen zu entwickeln. Nach eingehender Analyse der Ist-Situation und der denkmöglichen Veränderungen ergibt sich die Chance, an einer nachbarschaftlichen Beziehung zu arbeiten. Der Nachbar tendiert nämlich dazu, immer samstags zur Mittagszeit den Rasen zu mähen, während sich die Führungskraft mit Familie vom Lärm gestört fühlt, aber dies bisher nicht moniert hat.

In einem Rollenspiel wird das ideale Win-win-Gesprächsmuster einstudiert. Der Klient führt das Gespräch bei passender Gelegenheit und ist erstaunt, wie leicht der Erfolg fällt. Interessanterweise entwickelte sich dadurch zum Nachbarn eine intensivere Beziehung mit der Folge, dass die beiden für die morgendliche Fahrt in die benachbarte Stadt, in der sie beide ihren Arbeitsplatz haben, gelegentlich eine Fahrgemeinschaft bildeten.

> Heißt das also, dass man im Grunde auch Sozialkompetenz lernen kann?

Ja. Man muss nur die einzelnen Faktoren, die zu einer vermehrten Ausprägung von Sozialkompetenz führen, nach und nach entwickeln. Dann entwickelt sich auch die Sozialkompetenz.

> Ich bin von Ihren Ausführungen nicht überzeugt. Für mich heißt der Erfolgsfaktor Nummer eins: Durchsetzungsvermögen. Man muss sich durchsetzen können, dann ist man auch erfolgreich. Strategische Allianzen gehören auch dazu. Manchmal muss man auch über Leichen gehen. Nehmen Sie nur einige extreme Beispiele: Caesar, Napoleon, Hitler, Piëch und andere.

Eine ganz wichtige Unterscheidung, die Sie da einführen. Auf den ersten Blick ergibt sich bei Ihren Beispielen ein anderer

Fokus. Napoleon und Hitler waren auf ihre Art sehr erfolgreich. Viele Jahre sind unendlich viele Menschen ihnen gefolgt, und es wurden wirklich große Erfolge erzielt. Aber um welchen Preis? Oder als pars pro toto für andere Unternehmensführer Herr Piëch: Er hat zuerst den einen Konzern, dann den anderen erfolgreich saniert.

Die historischen Beispiele haben dazu geführt, dass unzählige Menschen in den Tod gegangen sind. Wenn man viele betroffene Menschen in der heutigen Zeit befragen würde, würden sie über Herrn Piëch & Co. oder andere Führungspersönlichkeiten möglicherweise kein gutes Urteil abgeben.

Ja, die beiden historischen Persönlichkeiten waren in ihrer Zeit einerseits überaus erfolgreich. Sie haben große Reiche aufgebaut. Andererseits haben sie sie aber auch zerstört.

Haben aber Durchsetzungsfähigkeit ausüben und strategische Allianzen bilden zu können nicht auch etwas mit Sozialkompetenz zu tun? Was meint denn Sozialkompetenz ganz wertfrei betrachtet wirklich?

In unserem heutigen, deutschen Sprachgebrauch meint Sozialkompetenz etwas sehr Positives: Ein sozialkompetenter Mensch ist jemand, der »sozial« eingestellt ist, der also auch die sozialen Belange seiner Mitmenschen im Blick hat.

Eine auf die radikale Reduzierung ausgerichtete Definition der Sozialkompetenz würde lauten:

Sozialkompetenz ist die Kompetenz, die das Überleben eines sozialen Systems sichert.

Eine Gorillaherde hat ihr Revier in der Nähe eines kleinen Sees. Eines Nachts gibt es ein Erdbeben. Die Tiere spüren es schon einige Zeit vorher und sind während des Bebens sehr verschreckt. Danach beruhigen sie sich wieder.

Am nächsten Morgen ist die Panik groß: Der kleine See ist verschwunden. Das Wasser ist durch die vom Erdbeben ausgelösten geologischen Veränderungen abgeflossen, verschwunden.

Das klügste Leittier, der Silberrücken, erkennt die Notwendigkeit: Die Herde muss sich ein neues Revier suchen! Er bläst zum Aufbruch. Die Herde folgt ihm. Auf dieser Wanderung stirbt die Hälfte seines Rudels: an Entbehrungen, an Kämpfen, an Krankheiten.

Eine Hälfte allerdings überlebt und findet eine neue Heimstatt.

Sozialkompetenz ist die Kompetenz, die das gesamte System im Fokus hat. Vor die Entscheidung gestellt, das gesamte System zugrunde gehen zu lassen oder auf Kosten einzelner Personen das Überleben des gesamten sozialen Systems zu sichern, haben Alpha-Tiere, Gorillas wie Caesar, Napoleon oder Piëch & Co., nur einen Blickwinkel: Sie wollen das System retten – in einer feindlichen Umwelt.

Manchmal gelingt das auch, manchmal hingegen nicht. So können Weltreiche aufgebaut und in wenigen Zeitmomenten auch wieder zerstört werden. Es ist der Ritt auf einer Rasierklinge. Je größer die Herausforderung ist, desto größer müssen die genialen Einfälle und Anstrengungen der Silberrücken sein. Sie ziehen eine ganze Herde mit sich!

Noah bekam den Auftrag, für die kommende große Bedrohung eine Arche zu bauen. Er obsiegte aufgrund eines klaren Auftrags, Briefings oder Coachings – ganz wie Sie wollen.

Der Zweck heiligt nicht die Mittel. Die Gespräche im Führerbunker, die gut überliefert worden sind, zeigen deutlich auf, dass ein Alpha-Tier, das den Ritt auf der Rasierklinge zu überziehen scheint, jegliches korrigierendes und überaus nützliches Feedback verweigert. Warum? Verbohrt in eine Vision, die nicht mehr zu realisieren ist. Davor hat er seinen Alpha-Status so sehr verankert, dass ein mögliches Feedback völlig unterbunden und sogar mit der Strafe des Todes sanktioniert wird.

Solche und andere große geschichtliche Ereignisse zeigen einerseits auf, was das Prinzip der Sozialkompetenz meint, andererseits aber auch, welche Fehler im System verankert sind.

Die Lösung lautet: Wehret den Anfängen!

Es muss und wird daher immer wieder in jedem kleinen oder noch so großen sozialen System ein Alpha-Tier geben. Das ist unser evolutionsbiologisches Prinzip, das auch für die Menschheit gilt. Gleichzeitig darf der Abstand des Alpha-Tiers zu den anderen Mitgliedern des sozialen Systems nicht zu groß werden. Wenn sich Alpha und Beta zu einig sind und alle anderen deutlich distanzieren, ist die Gefahr noch größer, dass das soziale System scheitern muss: siehe Hitler und Goebbels.

Die lösungsorientierte Conclusio, hieraus abgeleitet, lautet also: Alle Menschen sind gleich. Natürlich darf und muss es Alpha-Tiere geben. Natürlich haben sie mehr Rechte, dafür aber auch mehr Pflichten. Als Pflicht wird definiert: den anderen Gehör zu schenken; denn auch als Alphas sind sie nicht unfehlbar.

Wird ein solches Korrektiv kommunikativ in das Unternehmen eingebaut, kann das Alpha nie scheitern, weil es den gesamten sozialen »Verstand« seines Systems nutzen kann. Sie erinnern sich an die Fallstudie zwischen dem Vorstandsvorsitzenden (VV) und seinem Bereichsleiter Vorstandssekretariat (VS): ein elegant gesteuerter Prozess, der auf fast unmerkliche Art und Weise eine gesamte Führungsebene in die Vorbereitung von wichtigen Entscheidungsfragen mit einbezieht. Und selbst wenn einige Führungskräfte dieses Vorgehen mehr oder weniger durchschauen: Warum nicht? Wichtig ist der Tatbestand, dass alle wichtigen Führungskräfte im Vorfeld mit einbezogen worden sind und die Gelegenheit hatten, ihre Ansichten zu verschiedenen Themen einbringen zu können.

Für den Vorstandsvorsitzenden hat dieser Prozess neben den bereits aufgezählten Vorteilen für das gesamte Unternehmen und die fundierte sachliche Unterlegung von Entscheidungen einige ganz wichtige Vorzüge: Er erhält nicht nur Feedback von einer Person, sondern sogar von einer gesamten Führungsmannschaft, ohne dass dies als Feedbackprozess angelegt ist.

Werden solche intelligenten systemischen Strategien nicht genutzt, gilt die bekannte Formel »Hochmut kommt vor dem Fall«.

12.

Wege zur Zufriedenheit und zum Glück

Die beiden vorherigen Kapitel haben dargelegt, dass es je nach bereits ausgeprägten Fähigkeiten und noch vorhandenem Potenzial für jeden Menschen einen genau passenden Platz im System gibt und dass das Entwickeln von Sozialkompetenz der dynamische Veränderungsfaktor ist, der das personale Wachstum von uns Menschen fördert.

Die idealtypische Situation ließe sich damit wie folgt formulieren: Jemand hat sein Potenzial ausgeschöpft und ist genau an seinem passenden Platz angekommen. Dann wäre dies für alle »Beteiligten« positiv: für das System insgesamt, für die Systemmitglieder in der Nähe des betreffenden Systemmitglieds (Kollegen, Führungskraft, Mitarbeiter), für ihn selbst und für sein gesamtes Leben. Ein solcher Mensch ist in seiner »Mitte«, macht eine Arbeit, die ihm Erfolgserlebnisse verschafft, geht abends zufrieden nach Hause und berichtet von einem erfüllten Tag, während er sich dann um Familie, Hobbys und persönliche Interessen kümmert. Am nächsten Tag geht er mit positiver Erwartungshaltung und Vorfreude erneut in die Firma und wirkt auf andere ausgeglichen, in sich ruhend und in hohem Maße zufrieden.

Ganz ehrlich: Entsprechen Sie persönlich diesem Bild? Oder kennen Sie viele Kollegen, die genau in dieses Schema passen?

Die Antwort wird wohl in den meisten Fällen eher ein Nein

als ein Ja sein. Die Folgen sind dann oft »Wanderungen« und »Bewegungen« im System, die nichts anderes darstellen als die Suche nach der idealen systemadäquaten Position. Der äußere Schatten dieser inneren Veränderungen im Zustand sind Konflikte, Meinungsverschiedenheiten, Auseinandersetzungen: sich also im System aus-einander-setzen. Schon die Sprache spiegelt den Kampf um die systemischen Rangplätze wider.

Wenn also für viele Menschen persönlich und für viele Systeme eher die Regel gilt, dass alles im Fluss ist, so ist doch die entscheidende Frage, wie es gelingen kann, zu einem wenigstens einigermaßen zufrieden stellenden und harmonischen Fließgleichgewicht zu kommen, und wie jeder Einzelne damit so umgehen kann, dass ihn dieses Fließen nicht mehr an Energie und Kraft kostet, als ihm die positiven Verlockungen auf einen besseren und stabileren Platz an Freude einbringen könnten.

Man kann diese Frage auch betriebs- oder volkswirtschaftlich angehen: Welchen Preis muss ich dafür bezahlen? Der persönliche Preis wird in Gesundheits- oder leider besser in Krankheitseinheiten zu bezahlen sein. Was meine ich damit?

Ein sympathischer, ruhiger und gelassener Bereichsleiter eines Unternehmens bekommt das persönliche Angebot unterbreitet, in einem anderen Unternehmen Vorstand zu werden. Wenn ich hierzu ein Bild seines persönlichen Entscheidungsprozesses malen sollte, würde ich mir vorstellen, dass er sich in Ruhe mit einer Pfeife zur persönlichen Entscheidungsfindung zurückziehen würde.

Er sagt zu. Sein Kollege im Vorstand, der Vorsitzende, ist eine nicht ganz einfach zu ertragende Persönlichkeit: sehr erfolgreich, äußerst schnell, cholerisch-aufbrausend, kein Blatt vor den Mund nehmend. Die Widerungen dieser täglichen unerträglichen Auswirkungen aus der Interaktion mit seinem Alpha-Gorilla scheint er mit seiner persönlichen Friedenspfeife wegzurauchen.

Doch weit gefehlt: Einige Jahre später verabschiedet er

sich in noch jungen Jahren aus freien Stücken aus dieser Position, weil ihn die Erkrankung Morbus Crohn ereilt hat. Sein Darm konnte diese vielen Belastungen seelisch nicht mehr »verdauen«, hatte sich entzündet und musste in großen Stücken so operiert werden, dass nun ein künstlicher Ausgang geschaffen wurde.

Wenn sich also systemische Ungleichgewichte bilden, so kann die Auswirkung darin bestehen, dass wir mit erheblichen gesundheitlichen Risiken und sich oft daraus entwickelnden wirklichen Einschränkungen den Preis dafür bezahlen müssen.

- Wer in einem Unternehmen nicht offen seine Meinung sagen darf, entwickelt vielleicht eine Allergie im Rachenraum, die ihm das Sprechen erschwert.
- Wer abends nach Hause kommt und seinem Lebenspartner davon berichtet, zwar mit Herzblut die Dinge vorangetrieben zu haben, aber sich irgendwie eine blutige Nase geholt zu haben, kann Herzbeschwerden oder eine chronische Sinusitus entwickeln.
- Wer zwar fachlich eine klare und sehr intelligent untermauerte Meinung zu bestimmten Abläufen im Unternehmen hat, aber hierfür kein Gehör findet und selbst nicht hören will, welche andere Meinung offensichtlich vorherrscht, kann vielleicht einen Tinitus entwickeln, um sich davor zu schützen.
- Wem der Stress, mit dem er nicht umgehen kann, auf den Magen schlägt, entwickelt vielleicht eine Gastritis oder ein Magengeschwür.
- Die Liste der psychosomatisch zu erklärenden Erkrankungen ließe sich beliebig verlängern.

Um diesen Gedanken ein wenig zu vertiefen, sei der Tinitus als ein Beispiel von vielen herausgegriffen. Tinitus könnte man in diesem Kontext wie folgt übersetzen: Man will nicht hören, weil man nicht gehört wird. Heißt systemisch: Die eigene Po-

sition ist in Gefahr. Wenn sich dieser Prozess einige Zeit hin-
zieht, dann kompensiert der biologisch-körperlich angelegte
Mechanismus dieses auf den ersten Blick für einen Menschen
wohl unlösbare Problem dadurch, dass der Körper erst einmal
außer Gefecht gesetzt wird. Das Ohr produziert einen Laut, der
es zum Beispiel angemessen erscheinen lässt, in eine Klinik zu
gehen. In dieser Zeit kann man in Ruhe überdenken, warum
man nicht gehört wird und was man vielleicht nicht hören will,
weil man es nicht verstehen kann. Natürlich gibt es andere
Muster, damit umzugehen: einfach die Musik etwas lauter zu
stellen oder etwas lauter zu reden oder die Menschen zu bitten, etwas lauter zu reden, damit man den Summton wiederum überhören kann. Das wäre der Lösungsweg des Verdrän-
gens, mit dem man auf die Dauer größere gesundheitliche
Risiken eingeht.

Die sinnvollere Lösung lautet letztlich immer: den eigenen
Platz zu finden. Dann kehrt »Frieden« ein. Für einen selbst, für
die Kollegen (und »Konkurrenten« – die »zusammenlaufen«, so
die wörtliche lateinische Übersetzung) und für das System insgesamt.

Manchmal allerdings trügt der Frieden:

Der ältere Bruder verstand es schon in Kindheitszeiten als
seine Pflicht, die jüngere Schwester zu »erziehen«. Sie können sich vorstellen, welche Erziehungsmethoden zur An-
wendung gekommen sein könnten. Wenn Sie Geschwister
haben, wird es Ihnen leicht fallen. Als Einzelkind mit ein
wenig Phantasie dürfte es Ihnen auch nicht schwer fallen.
Dieses Muster, nie unterbrochen, zog sich ein Leben lang
durch. Der Beherrschende empfand es als seine Pflicht.
Die Beherrschte stöhnte auf und versuchte sich aus den
Ketten der Sklaverei zu lösen.
Was ihr nie gelang. Sie richtete den 70. Geburtstag Ihres
Bruders, einer bedeutenden Persönlichkeit, mit viel Liebe
aus. Doch empfing sie dafür nicht die gebührende Ach-

tung. Im Gegenteil wurde sie erneut für winzige Abweichungen »erzogen«.

Wie sah die Rache aus?

Fürchterlich!

Befragt man ihn, ob er mit seiner Schwester versöhnt ist, so bekommt man die glaubwürdige Antwort: Ja! Wenn man sie fragt, wie lautet Ihrer Meinung nach die Antwort?

Hier hat sich über viele Jahre ein System gefestigt, das keine Änderung mehr möglich macht. Was möchten Sie daraus lernen? Wehret den Anfängen; denn sie können sich schnell zu festen Gewohnheitsmustern entwickeln, deren Änderung nur schwer möglich ist.

Die positive Lösung sollte also besser im wahren Frieden bestehen. Dieser ist leicht daran zu erkennen, dass es negativ gesprochen keine Probleme oder Konflikte gibt und positiv gesprochen auf die eigenen Verhaltensimpulse hin von anderen Menschen eine positive Resonanz gibt: ein freundliches Lächeln, ein wohlwollendes zustimmendes Nicken oder ein klar zum Ausdruck gebrachter Konsensvorschlag.

Die Voraussetzung für eine solche Situation ist, offen und ehrlich mit anderen Menschen umzugehen und nichts zurückzuhalten; Sie erinnern sich an die Ausführungen im früheren Kapitel.

Fall A: Ein Vorstandsvorsitzender ist einerseits eine hoch charismatische und visionäre Persönlichkeit. Er hat sehr viele Ideen und kann andere Menschen damit begeistern und anstecken.

Andererseits zeigt er in manchen Stresssituationen ein Verhalten, das seine Führungskräfte nicht verstehen können. Sobald ein Fehler passiert, ist es mit seiner Contenance dahin. Er sieht die Fehler eher nicht als Systemfehler, sondern als persönliches Versagen von Menschen, die er auch gern bestrafen möchte, und er will gleich die Revision auf den Plan rufen.

Nach und nach verschlechtert sich das bislang so positive Klima im Unternehmen. Die Menschen werden vorsichtiger, weil sie sich zu Recht vor den möglichen Sanktionen fürchten. Da einige Führungskräfte aus Gründen, die nicht wirklich klar kommuniziert worden sind, gehen mussten, greift die Angst, der Nächste sein zu können, um sich. Also agiert man noch vorsichtiger und versucht die eigene Fehlerquote möglichst bei null zu halten.

Das wiederum verlangsamt die Prozesse. Entscheidungen werden nicht mehr dezentral getroffen, sondern immer nach oben zur Abstimmung vorlegt. Der Vorstandsvorsitzende reagiert einerseits auf eine solche Rückdelegation mit Unverständnis und fordert seine Führungskräfte auf, wie Unternehmen zu agieren und eigenverantwortlich zu entscheiden, greift aber andererseits immer tiefer in sachliche Vorgänge ein, weil er immer misstrauischer wird und seinen Führungskräften immer weniger zutraut.

Eine negative Spirale hat sich in Gang gesetzt. Nur der neutrale Blick von außen zeigt, dass in der Führung zwei wichtige Prinzipien nicht beachtet werden:

• In der Sache ist man viel zu wenig offen. Es werden Dinge zurückgehalten, Protokolle erscheinen sehr spät oder gar nicht, Termine werden nicht präzise genug beachtet, verschoben oder nicht eingehalten, und die Kommunikation über wichtige Sachthemen fließt unzureichend.
• Person und Sache wird nicht getrennt, sonder vermischt: Bei Fehlern wird nicht klar unterschieden, welcher Fehler durch die Aufbau- und Ablauforganisation verursacht wird und welche Fehler sich durch persönliches Fehlverhalten ergeben. Die Kritik und die Sanktion richten sich sofort immer auf die Person.

Erschwerend kommt hinzu, dass der Vorstandsvorsitzende hinsichtlich seiner eigenen Fehler völlig uneinsichtig ist. Empfindlich wie eine Mimose reagiert er auch auf äußerst leise und diplomatisch vorgetragene Kritik und verbiegt die Wirklichkeit durch lange Ausführungen so lange, bis er wieder im Recht ist. Da er ein hervorragender Rhetoriker ist, gelingt ihm das sehr gut. Die Betroffenen allerdings reagieren mit einem weiteren Rückzug in die Defensive und die Flucht in die innere Kündigung. Dieser folgen dann tatsächlich ausgesprochene Kündigungen.

Das Fazit: Wenn hier seitens des Vorstandsvorsitzenden nicht ein Klima an Offenheit, Ehrlichkeit, Aufrichtigkeit und konstruktiver Selbstkritik ermöglicht wird, was die Grundlage für eine vertrauensvolle Arbeit darstellt, kann sich die Situation nicht verbessern.

Fall B: Eine Führungskraft beantragt ein Coaching. Nachdem der erste Kontrakt von 20 Stunden erfüllt ist, wird zwischen dieser Führungskraft, dem nächsthöheren Vorgesetzten und dem Coach ein Feedbackgespräch geführt.

Der Chef befragt seine Führungskraft, wie das Selbstbild sei: Welche Aufgabenstellungen aus dem seinerzeit erfolgten Briefing seien erfüllt worden? Was sei noch offen? Im Anschluss an die Darstellung der Führungskraft möge dann bitte der Coach seinen Kommentar geben.

Schon in die Darstellung des Selbstbilds hinein äußert der Chef seine Ansichten und bringt sich selbst in Interpretationen mit ein. Dabei kann eine schwierige persönliche Situation, die mit einem Kollegen in einem anderen Team vorherrscht, durch die Ausführungen des Chefs auf einmal in einem anderen Licht gesehen und somit auch ganz anders gedeutet werden. Wichtig in diesem Zusammenhang war, dass der Chef seine eigenen Anteile in den Verhaltensprozessen, die auf den höheren Managementebenen stattgefunden haben, klar und offen zum Ausdruck bringt und sogar mitteilt, was ihm selbst nicht gelungen ist und in welchen Situationen er selbst auch nicht in der Position war, bestimmte Prozesse zu dominieren, sondern von anderen abhängig war.

Auch im weiteren Gespräch finden mehrere solcher Selbstoffenbarungen seitens der höheren Führungskraft statt, die immer auch einen selbstkritischen Anteil haben. Ferner stellt er dem Coach, den er bisher nicht kannte, sondern in diesem Gespräch erstmals kennen lernte, die Frage, wie er die Beziehung zwischen ihm selbst und seiner Führungskraft erleben würde.

Die Ausführungen wurden mit hohem Interesse in einer Haltung angenommen, aus jeder Information einen Mehrwert und einen Impuls für die eigene Persönlichkeitsentwicklung ableiten zu können.

Das Gesprächsklima war von einer tiefen Ernsthaftigkeit in der Sache und einer heiteren Lockerheit im Umgangston geprägt. Mehrfach ließen sich die hier im Gespräch ausgetauschten Informationen miteinander verknüpfen, sodass alle drei Personen spontan lachten.

In welchem der beiden Unternehmen würden Sie sich wohler fühlen? Was glauben Sie, in welchem der beiden Unternehmen die Menschen zufriedener sind?

13.

Vom Unsinn der Versuche, mit Leitbildern die Unternehmenskultur zu verbessern

Die Entwicklung der Antwort auf die Frage im letzten Kapitel führt mich zum Thema der Unternehmenskultur. Zwar prägt der Alpha-Gorilla, der mächtige Silberrücken an der Spitze, ein Unternehmen in sehr starkem Maße, aber eben nicht allein. Das Klima eines Unternehmens ist Bestandteil der Unternehmenskultur und der Spiegel zur tatsächlich vorhandenen Wirklichkeit, die von allen Systemmitgliedern geprägt wird und oft in krassem Widerspruch zum Leitbild des Unternehmens steht. Das Klima insgesamt wiederum kann als Maßstab dafür verwendet werden, ob sich ein Mensch in diesem Unternehmen eher wohl fühlt oder nicht.

So wie es letztlich nur zwei Kompetenzen gibt, die über den Erfolg bestimmen, Fachkompetenz und Sozialkompetenz, kann es auch nur zwei Faktoren geben, die inhaltlich Bestandteil der Unternehmenskultur sind:

- Das Leistungsprinzip – ausgerichtet auf die im Unternehmen bezogenen Sachprozesse: **Was** machen wir?
- Das Sozialprinzip – ausgerichtet auf die Art und Weise, wie die Leistungen zwischen den Menschen erbracht werden: **Wie** machen wir es?

Viele Alpha-Gorillas suchen nach einer effektiven und effizienten Lösung, ihre eigenen Ideen möglichst schnell im Unternehmen als Leitbild zu verankern. Also wird ein Leitbildprojekt auf die Schienen gesetzt und die Hoffnung genährt, dass danach endlich alles im richtigen Fahrwasser verläuft.

Unternehmensberater profitieren von diesen Hoffnungen. Doch leider wird hier nicht nur viel Geld zum Fenster hinausgeworfen, sondern sogar kontraproduktiv gearbeitet; denn trotz des sicherlich vorhandenen guten Willens, etwas Positives zu entwickeln, geht der Schuss vielfach nach hinten los, und die Unternehmensproduktivität wird während und nach diesen Leitbildprozessen erheblich reduziert.

Warum ist das der Fall? Welche typischen Fehler werden in solchen Prozessen gemacht?

- Ein Mensch allein kann letztlich nicht die Kultur dominieren: Auch ein Platzhirsch wird von vielen Hunden verjagt werden, und viele Hunde sind des Hasens Tod. Auch wenn der Personalvorstand, in dessen Ressort die Verantwortung für das Leitbild liegen könnte, oder sogar der Vorstandsvorsitzende sich in hohem Maße mit dieser Idee identifizieren, können einige andere Vorstände dies konterkarieren. Ein Tropfen Gift reicht aus, um ein Fass guten Weins zu vergiften. Eine Organisation ist immer nur so stark wie ihr schwächstes Glied.
- Eine Vorgabe von oben funktioniert nicht. Man muss die Betroffenen zu Beteiligten machen. Der Glaube an die schöne neue Welt reicht nicht aus, die Welt zu verändern.
- Der häufigste und schwerwiegendste Fehler besteht aber darin, dass Worte und Verhalten auseinander fallen. Das Leitbild kommuniziert eine schöne heile Scheinwelt, während das tatsächliche Verhalten die gelebte Wirklichkeit widerspiegelt. Je größer die Differenz zwischen diesen beiden Welten ist, umso kontraproduktiver als das Aufsetzen eines Leitbildprozesses oder die Vorgabe einer durch das Leitbild zu entwickelnden Unternehmenskultur.

Manch ein Unternehmen wundert sich danach, dass die Eigen-
kapitalrentabilität im Branchenvergleich auf einmal gesunken
ist, obwohl man doch gerade viel Geld in ein neues Leitbild
gesteckt hat und die Erwartung hegt, dass die Führungskräfte
nun genau wissen, wie man miteinander umgeht. Doch das
Gegenteil ist der Fall: Die negative Entwicklung im Unternehmensklima nimmt leider weiter zu, die Ressortegoismen sind
noch stärker zu spüren, die Konflikte und Reibereien zwischen
Führungskräften sind noch spannungsgeladener. Der Eindruck
verdichtet sich, dass sich die negative Spirale noch einige Um-
drehungen weiter nach unten bewegt und die Geschwindigkeit
sogar noch zugenommen hat.

Warum ist das so?

In einem Unternehmen wird monatelang in Arbeitskrei-
sen hierarchieübergreifend an Kostensparmaßnahmen gearbeitet. Die Ideen werden verdichtet und zu Konzepten
entwickelt. Der Vorstand beschließt ein radikales Programm,
das in einer denkwürdigen Sitzung vom Vorstandsvorsitzenden allen Führungskräften verkündet wird.

Eine Meinungsumfrage zu diesem Zeitpunkt führt zu
folgendem Ergebnis: Die Führungskräfte erkennen die
Notwendigkeit für diesen radikalen Sparkurs. Es liegen sehr
offene Informationen darüber vor, dass bei Mitbewerbern
eine erheblich günstigere Relation von Ertrag und Kosten
vorliegt. Ferner wurden sie alle einbezogen und haben ehrlich und konsequent geplant, wie man die Kosten in den
Griff bekommen kann.

Am nächsten Morgen allerdings wendet sich das Mei-
nungsbild: Der Vorstandsvorsitzende fährt mit dem neuesten und teuersten Modell der Mercedes S-Klasse in die
Tiefgarage!

Wasch mich, aber mach mir den Pelz nicht nass! Quod licet
Iovi, non licet bovi. Wenn man sich selbst aus dem Boot heraus-

katapultiert und klar zu erkennen gibt, dass der Sparkurs nur für die anderen gilt, verliert man an Glaubwürdigkeit und natürlich auch an Unterstützung. Sie können sich gut vorstellen, was an diesem Tag und auch in den kommenden Wochen passierte: Der Mercedes war ein sehr beliebtes Gesprächsthema zwischen den Führungskräften. Bei jeder Tasse Kaffee und bei jeder anderen Gelegenheit wurde das Verhalten des Vorstandsvorsitzenden natürlich voller Sarkasmus kommentiert. Solche Gespräche dauerten zehn und mehr Minuten und fanden zwischen vielen Personen statt. Allein die kumulierte Gesprächszeit multipliziert mit den jeweiligen Gehältern der Führungskräfte ergibt eine stattliche Summe an Geld, wie Sie schnell auf dem Taschenrechner ausrechnen können. Damit könnte man das Auto schon gut bezahlen. Doch viel schlimmer wirkt der Motivationsverlust unter der Mannschaft. Während man sich vorher noch in hohem Maße mit dem Programm identifiziert hat, wird aus dem Kopfschütteln über das falsche Verhalten des Vorstandsvorsitzenden eine Verweigerungshaltung. Man arbeitet langsamer, geht mit einem inneren Schulterzucken über wichtige Anforderungen des neuen Programms hinweg und findet genügend viele Nischen und Wege, das Programm zu großen Teilen zu unterlaufen. Die Arbeitsproduktivität sinkt weiter.

Interessant an diesen Beobachtungen ist, die Sie bestimmt schon oft in ähnlicher Form erlebt haben, dass das System auch hier letztlich wieder dem Verhalten des Alpha-Silberrückens folgt! Er zeigt durch sein Verhalten, dass er nicht sparen will. Also spart das System auch nicht, sondern folgt seinem Verhalten.

Wie sieht nun eine gute Lösungsmöglichkeit aus? Die Entwicklung der Unternehmenskultur kann nur so vonstatten gehen, dass man

- sehr ehrlich den aktuellen Status quo analysiert,
- dann genauso ehrlich die eigene Wertestruktur, die man sowieso lebt, als Maßstab für die zu verändernde Unternehmenskultur zugrunde legt und

- diese in einem intensiven Kommunikationsprozess mit den beteiligten Führungskräften bespricht.
- Die entscheidende Voraussetzung für das Gelingen besteht dann darin, dass von der Führungsspitze her diese Wertestruktur ohne die geringste Abweichung zwischen dem kommunizierten oder formulierten Konzept respektive Leitbild im tatsächlichen täglichen Verhalten gelebt wird.

Bekanntlich stinkt der Fisch vom Kopf her, wie es im Volksmund heißt. Wenn nicht möglichst alle Personen im Topmanagement das gewünschte Verhaltensmodell praktizieren, kommt schon wieder Sand ins Getriebe.

Nun ist es aber auch möglich, dass der Vorstand sich selbst ein härteres Programm verschreiben möchte, als es heute aktuell gelebt wird. Dann darf man aber nicht die bittere Pille dem Unternehmen verordnen, während man selbst in Saus und Braus lebt, sondern muss mit gutem Beispiel vorangehen. Der Vorstandsvorsitzende hätte damals darauf verzichten sollen, sich ein brandneues Auto anzuschaffen, und diese Entscheidung hätte er offen in seiner Ansprache als Beispiel mit einbinden oder eine andere Form von Vorbildfunktion nutzen können; zum Beispiel von der Topklasse auf eine kleinere Klasse heruntergehen und sich dort auch nur ein mittleres Modell auswählen können. Dann wäre das Kostensparprogramm vom Management eins zu eins umgesetzt worden.

Diese Ausführungen zeigen, dass Leitbilder in den meisten Fällen eher kontraproduktiv sind und eine massive Geldverschwendung bedeuten: Die Honorare für die Berater und die Arbeitszeiten für die involvierten Führungskräfte sind dabei die kleineren Beträge im Vergleich zur reduzierten Produktivität im Anschluss an die Verkündigung des »falschen« Leitbilds. Wenn man die systemischen Prinzipien aber beherrscht und richtig anwendet, dann kann ein Leitbildprozess tatsächlich die notwendigen Anpassungsmaßnahmen im Unternehmen beschleunigen.

14.

Die Ethik des Rudels

Die Unternehmenskultur eines Unternehmens ist nichts anderes als die Summe aus Werten und Normen, die in einem Unternehmen tatsächlich gelebt werden. Generell gilt diese Aussage für alle sozialen Systeme: sei es eine Schule, sei es der Sportverein oder eine Partei, die Gesellschaft als Ganzes, eine Nation oder die Menschheit insgesamt.

Je größer das soziale System ist, desto mehr Systemmitglieder gibt es und desto differenzierter, vielfältiger und vielschichtiger sind die WEIBs, die die Teilsysteme auszeichnen. So sind auch die täglich zu beobachtenden Phänomene von Problemen, Konflikten, Krisen und Kriegen auf diesem Planeten zu erklären. Wenn die Menschen nicht lernen, dass andere soziale Systeme eben andere Wertestrukturen internalisiert haben, die über zum Teil jahrtausendelange Traditionen verfügen, und diese Andersartigkeit positiv sehen, akzeptieren und tolerieren können, wird nie Frieden herrschen können. Christen und Mohammedaner, Buddhisten und Taoisten, Nordkoreaner und Südkoreaner und viele andere Philosophien, Religionen, Nationen, Interessengruppen, Parteien etc., sie alle können im Gegensatz zueinander leben und ihre Ideologien miteinander auskämpfen, sie können aber genauso gut in Frieden miteinander leben und die Synergievorteile heben, die aus der Unterschiedlichkeit der Dinge herrühren. Solange aber das Kirschbaumprinzip vorherrscht und die Gorillas, Schimpansen, Wölfe und aufgeregten Hühner auf dem Hühnerhof nicht lernen, diese systemischen Zusammenhänge zu sehen, zu beachten und dabei ihre eigenen Emotionen in den Griff zu bekommen, wird es immer wieder Kämpfe geben, die die Schar der Juristen gutes Geld verdienen lässt.

Als er noch kleiner war, der Kirschbaum in des Nachbars Garten, war die Welt noch in Ordnung. In späteren Jahren allerdings wuchs dieser Baum, zum Stein des Anstoßes geworden, zu einer beträchtlichen Quelle von Konflikten heran. Seine gewaltige Größe führte dazu, dass einige der Kirschen in den nachbarlichen Garten hineinfielen und nicht nur beim Mähen des äußerst gepflegten Rasens unangenehme klackende Geräusche verursachten, sondern auch das Messer des Rasenmähers stumpf werden ließen und weitere Unannehmlichkeiten verursachten. Gespräche zwischen den beiden Parteien fanden eher wenig statt, und wenn, dann wurden sie mit viel Selbstüberzeugung geführt nach dem Motto: My home is my castle.
Der Revierkampf zweier gleichberechtigter Gorillas wurde schließlich über Anwälte und Gerichte ausgetragen, kostete viel Geld und Nerven und führte dazu, dass man sich richtig tief in eine Lose-lose-Situation hineinmanövrierte.

Sie schmunzeln? Hoffentlich! Wenn es Ihnen gelingt, nicht nur bei solch unbedeutenden, sondern auch bei wirklich dramatischen Konflikten Ihre Contenance zu behalten und die innere Gelassenheit eines Buddhas zu bewahren, dann sind Sie angekommen: angekommen auf der Insel der Glückseligen.
Indem jeder Mensch versucht, so zu leben, dass er mit sich und seinen Mitmenschen im Reinen ist, handelt er biophil: Er kümmert sich um seine eigene Zufriedenheit und gleichzeitig um die seiner Mitmenschen. Die Verwirklichung eines solchen Prinzips sei manchmal nur schwer möglich?

In einem Unternehmen herrscht viel Angst vor, weil ein cholerischer Vorstandsvorsitzender durchaus sehr schnell zu radikalen Maßnahmen greift und auch schon einige Führungskräfte vor die Tür gesetzt hat. Eine Führungspersönlichkeit macht sich Gedanken darüber, wie sie ihre eigene Welt möglichst so bestellen kann, dass sie mit sich selbst im Reinen ist und trotz der schwierigen Rahmenbedingungen reüssiert.

Nach und nach entwickelt sie ein Gefühl für die WEIBs des Vorstandsvorsitzenden, einem akribisch denkenden Juristen, der jeden kleinen Fehler mit einem giftigen Kommentar als minimale Sanktion bestraft und bei größeren Fehlern zu drakonischen Strafen greift.

Also schwört er sein Team darauf ein, die Prozesse zu verlangsamen, damit möglichst wenig Fehler passieren. Das gelingt in gutem Maße. Die wenigen Fehler hält er aus und stellt sich schützend vor sein Team. Die Teamatmosphäre entwickelt sich positiv: Man hat das Gefühl, auf einer Insel der Glückseligen zu arbeiten, und bekommt vom harten und giftigen Ton an der Spitze des Unternehmens fast nichts mit.

Eines Tages wagt die Führungskraft eine kleine Palastrevolution. Ein Planungsprozess, der seit Jahren besteht, ist eine reine Farce. In einer Sitzung versucht er, sachlich wertvolle Hinweise zur Verbesserung dieses Prozesses einzubringen, nachdem er sich zuvor von seinem Ressortvorstand die Erlaubnis und Rückendeckung eingeholt und in mehreren Einzelgesprächen Mitstreiter gefunden und Koalitionen gebildet hat. Erstaunlicherweise fallen alle seiner Mitstreiter bis auf einen um. Es fehlt eine qualifizierte Mehrheit, sodass in der Sitzung alles beim Alten bleibt.

Am nächsten Tag trifft er auf dem Gang der Vorstandsebene zufällig den Vorsitzenden. Der spricht ihn an: »Wenn Sie das noch einmal machen, dann wissen Sie, was passiert. Denken Sie an Ihre Vorgängerin.«

In diesem Moment geht der Ressortvorstand an den beiden vorbei und kann jedes Wort hören. Er wendet den Kopf ab und beschleunigt seine Schritte. – Die Vorgängerin wurde übrigens in einem Konfliktfall entlassen und musste noch am selben Tag den Schreibtisch räumen.

Die Führungskraft bekam vom Vorsitzenden nie ein Lob, ein Wort des Dankes oder eine andere Form der Anerkennung. Oft genug dafür ein giftiges Feedback und in dieser geschilderten Situation die gelbe Karte als letzte Verwarnung.

Jahre später, die Wege waren auseinander gegangen, traf man sich zufällig wieder. Der Vorstandsvorsitzende war unterwegs mit einem wichtigen Geschäftspartner. Er ging auf seine ehemalige Führungskraft zu und sagte, dessen beide Hände in seinen Händen haltend, zu seinem Geschäftspartner: »Das ist Herr Müller, eine sehr, sehr geschätzte Führungskraft, mit der ich viele Jahre sehr gern zusammengearbeitet habe!«

An dieser Geschichte ist aber vor allem das Prinzip »Insel der Glückseligen« wichtig. Wenn es uns Menschen gelingt, in unserer Familie, mit unseren Nachbarn, mit unseren wichtigsten Freunden und Bekannten und vor allem in unserer Firma mit dem Kollegen in der nächsten Umgebung in Frieden und Harmonie zu leben, dann sind wir zufrieden und können viele Glücksmomente erleben. Wir haben es in der Hand, in unserem eigenen Rudel die Ethik zu verwirklichen, die uns vorschwebt und die ein gedeihliches Miteinander ermöglicht. Der kleine Schritt in dieser Richtung wird dann ein großer Schritt für die Menschheit sein, wenn sich möglichst viele daran halten. Zum Streit gehören immer mindestens zwei: Wenn einer sich weigert zu streiten, ist das nicht möglich!

Gorillas sind übrigens äußerst soziale Wesen. Manchmal denke ich, dass sie die besseren Menschen sind. Denn der Mensch ist dem Mensch ein Feind oder ein Wolf, wie es schon die Lateiner wussten: homo hominem lupus.

Wieso ist so viel Sozialität verloren gegangen, wenn sie doch früher schon im Tierreich vorhanden war und auch heute noch in vielen Tierpopulationen zu beobachten ist? Meine Interpretation lautet: Die vielfach festzustellende systemische Blindheit lässt unnötige Revierkämpfe zwischen den Menschen-Gorillas einer Herde stattfinden, weil man seinen eigenen Platz nicht kennt oder diesen falsch einschätzt.

Also lautet die Lösung: Wenn wir das Prinzip erkannt haben und unseren Kindern weitergeben, so tun wir das maximal Mögliche, um diesen ideale Startvoraussetzungen für ein erfolgreiches Leben zu bescheren[40] und der Menschheit die Chance zu bieten, eine sittliche Ethik zu entwickeln.

---

[40] Die Hoffnung sollte man zwar nie aufgeben. Aber ich glaube, dass wir heute nicht hoffen dürfen, dass diese Zusammenhänge zwischen Evolutionsbiologie und Lebenserfolg in der Schule als Lehrfach aufgenommen werden könnten.

Literaturverzeichnis

Michael Birkenbihl, Train the Trainer, verlag moderne industrie, Landsberg, 1971.

Dian Fossey: Gorillas im Nebel, Kindler Verlag, 1989. Originalausgabe: Houghton Mifflin Company, Boston, 1983.

Dietmar Friedmann, Die drei Persönlichkeitstypen und ihre Lebensstrategien, Wissenschaftliche Buchgesellschaft, Darmstadt, 2000.

Christian Geyer, Hirnforschung und Willensfreiheit, Suhrkamp Verlag, Frankfurt am Main, 2004.

Jane Goodall, Wilde Schimpansen, Rowohlt Verlag, 1991. Originalausgabe: William Collins Sons & Co, London, 1971.

Rupert Lay, Dialektik für Manager, Wirtschaftsverlag Langen-Müller/Herbig, München, 1974

Rupert Lay, Führen durch das Wort, Wirtschaftsverlag Langen-Müller/Herbig, München, 1978.

Stan Nadolny, Die Entdeckung der Langsamkeit, Piper, München, 1999

Paul Watzlawick, Vom Schlechten des Guten, R. Piper GmbH & Co. KG, München, 1986

Stichwortverzeichnis

Stichwortverzeichnis